Verlassene Orte im digitalen Zeitalter

Pedro Fierro · Patricio Aroca · Patricio Navia

Verlassene Orte im digitalen Zeitalter

Räumliche Wurzeln der Unzufriedenheit und die Rolle des Internets bei der Inklusion

Springer Gabler

Pedro Fierro
Adolfo Ibáñez University
Viña del Mar, Chile

Patricio Aroca
Universidad Andrés Bello
Vina del Mar, Chile

Patricio Navia
New York University
New York, USA

ISBN 978-3-032-07487-4 ISBN 978-3-032-07488-1 (eBook)
https://doi.org/10.1007/978-3-032-07488-1

Die Deutsche Nationalbibliothek verzeichnet diese Publikation in der Deutschen Nationalbibliografie; detaillierte bibliografische Daten sind im Internet über https://portal.dnb.de abrufbar.

Dieses Buch ist eine Übersetzung des Originals in Englisch „Abandoned Places in the Digital Era“ von Pedro Fierro et al., publiziert durch Springer Nature Switzerland AG im Jahr 2025. Die Übersetzung erfolgte mit Hilfe von künstlicher Intelligenz (maschinelle Übersetzung). Eine anschließende Überarbeitung im Satzbetrieb erfolgte vor allem in inhaltlicher Hinsicht, so dass sich das Buch stilistisch anders lesen wird als eine herkömmliche Übersetzung. Springer Nature arbeitet kontinuierlich an der Weiterentwicklung von Werkzeugen für die Produktion von Büchern und an den damit verbundenen Technologien zur Unterstützung der Autoren.

Springer Gabler ist ein Imprint der eingetragenen Gesellschaft Springer Nature Switzerland AG und ist ein Teil von Springer Nature.
Die Anschrift der Gesellschaft ist: Gewerbestrasse 11, 6330 Cham, Switzerland

Für: Lourdes, Violeta und Daniel

Vorwort

Dieses Buch bewegt sich an den Schnittstellen von Regionalwissenschaft, Soziologie, Politikwissenschaft und Kommunikationswissenschaft und verfolgt einen multidisziplinären Ansatz, der einer vielfältigen Leserschaft wertvolle Einblicke bietet. Wir gehen davon aus, dass der Inhalt sowohl Studierenden auf Bachelor- und Masterebene als auch Forschenden in diesen Fachbereichen neue Perspektiven eröffnet. Seine Relevanz reicht jedoch über die akademische Welt hinaus: Jeder, der die Dynamik von Unzufriedenheit sowohl im Online- als auch im Offline-Kontext sowie die Auswirkungen territorialer Ungleichheiten auf die Grundhaltung verstehen möchte, wird unsere Forschung als bedeutsam erachten.

Fachleute und Entscheidungsträger auf lokaler wie globaler Ebene können aus unserer Arbeit wertvolle Erkenntnisse gewinnen. Unsere Analyse ist insbesondere für Chile – unseren Untersuchungsfall – von aktueller Bedeutung, da dieses Land sich derzeit an einem entscheidenden Wendepunkt seiner politischen Krise befindet und die Blaupause für künftiges Wachstum intensiv diskutiert wird. Der Fokus des Buchs auf die territoriale Dimension eröffnet diesen Debatten eine neue Perspektive.

Global gesehen ist unsere Arbeit aus drei wesentlichen Gründen von Interesse. Erstens untersucht sie die „Geografie der Unzufriedenheit" in einem Kontext, der in der aktuellen Diskussion häufig übersehen wird: Lateinamerika. Aus nachvollziehbaren Gründen, wie der Verfügbarkeit von Daten sowie jüngsten politischen Entwicklungen und Wahlergebnissen, beschränken sich die meisten bestehenden Studien auf gefestigte Demokratien, vor allem in Europa und die Vereinigten Staaten. Indem wir eine aufstrebende Demokratie in Lateinamerika in den Fokus rücken, die derzeit einen tiefgreifenden politischen Wandel durchläuft, bereichert unsere Arbeit die Debatte um eine Perspektive aus der südlichen Hemisphäre.

Zweitens konzentriert sich unsere Analyse in erster Linie auf die einstellungsbezogene Dimension der Unzufriedenheit, die in der Literatur zu räumlichen Ungleichheiten und deren politischen Folgen tendenziell weniger untersucht wird. Die meisten Studien widmen sich der Analyse von Wahlergebnissen, etwa dem Erfolg von antielitären oder Anti-Establishment-Narrativen in konkreten

Kontexten. Forschende setzen häufig das Vorliegen von Stimmungen wie Wut, Verlassenheit und Entfremdung voraus, diese Empfindungen werden jedoch selten empirisch untersucht. Unser Ansatz zielt darauf ab, sich eingehend mit der klassischen politikwissenschaftlichen Literatur zu befassen, um Konzepte zu überdenken, die uns bei der Bewertung dieser zugrunde liegenden Faktoren unterstützen werden. In diesem Zusammenhang wird unser Buch Wege aufzeigen, wie sich die einstellungsbezogenen Dimensionen messen lassen, die maßgeblich zur Geografie der Unzufriedenheit beizutragen scheinen. Dies umfasst nicht nur theoretische Aspekte, sondern auch methodische Entscheidungen, die wir als wesentlichen Teil unseres Beitrags betrachten.

Drittens will unsere Forschung den demokratischen Implikationen neuer digitaler Plattformen vor dem Hintergrund von politischem und gesellschaftlichem Zentralismus nachgehen. Dies ist ein wichtiges Thema, da die digitale Kluft typischerweise hinsichtlich zwischenmenschlicher Ungleichheiten analysiert wird. Neben der Anerkennung dieser bedeutenden Beiträge bietet unsere Studie eine neue Perspektive, indem sie das Internet und digitale Plattformen als potenzielle Instrumente für das Engagement in traditionelle Formen bürgerschaftlicher Partizipation von denjenigen untersucht, die aufgrund von Zentralismus oder physischer Distanz räumlich segregiert sind und auf geografische Hindernissen stoßen. Wir erörtern, dass diese territoriale Dimension der digitalen Demokratie in der Literatur zu Internet und bürgerschaftlichem Engagement bislang wenig beachtet wurde. Diese Erkenntnis ist insbesondere für politische Entscheidungsträger relevant, die weltweit digitale Strategien gestalten.

Zusammenfassend lässt sich sagen, dass mit dem Buch das Rad nicht neu erfunden werden soll, sondern vielmehr verschiedene Beiträge integriert werden sollen, die mitunter unzureichend verknüpft erscheinen. Unsere Studie, die auf mehreren, in den vergangenen Jahren in verschiedensten Fachzeitschriften veröffentlichten Beiträgen basiert, bemüht sich um eine umfassende Zusammenführung dieser Ansätze. Im Wesentlichen bietet dieses Buch einen multidisziplinären Ansatz für das untersuchte Phänomen und eröffnet neue Perspektiven, die zu unserem Verständnis beitragen, wie territoriale Faktoren das Empfinden von Verlassenheit und Frustration prägen. Sowohl aus wissenschaftlicher als auch politischer Sicht beleuchtet unser Buch das komplexe Zusammenspiel von Geografie, Politik und digitaler Demokratie.

Von dieser interdisziplinären Arbeit werden Studierende, Forschende sowie Praktikerinnen und Praktiker profitieren. Es werden auch diejenigen angesprochen, die die Nuancen der Unzufriedenheit und die Auswirkungen territorialer Ungleichheiten verstehen wollen. Darüber hinaus bietet dieses Buch weitreichende Implikationen für politische Entscheidungsträgerinnen und -träger. Im Kontext der Verfassungsreformen in Chile liefert unsere Analyse eine territorial ausgerichtete Perspektive zur Bereicherung des Dialogs. Allgemein gesehen ist unser Fokus auf eine aufstrebende lateinamerikanische Demokratie und die digitale Dimension der Demokratie in territorial zentralisierten Systemen sowohl aktuell als auch neuartig. Im Kern schließt unser Vorhaben eine wissenschaftliche

Lücke und beleuchtet das komplexe Zusammenspiel von Territorium, Im-Stich-gelassen-Werden und politischer Desillusionierung.

London, Großbritannien Viña del Mar
Chile New York, USA
Juni 2024

Pedro Fierro
Patricio Aroca
Patricio Navia

Danksagungen

Pedro Fierro dankt der Fundación P!ensa, der Universidad Adolfo Ibáñez und dem Cañada Blanch Centre an der London School of Economics and Political Science. Patricio Aroca dankt der Universidad Andrés Bello, insbesondere CIUDHAD und LETS an der Fakultät für Wirtschaft und Unternehmensführung. Patricio Navia dankt der Universidad Diego Portales und der New York University. All diese Institutionen boten eine inspirierende Gemeinschaft, die uns bei der Präzisierung unserer Ideen und der Entwicklung dieser Arbeit unterstützte.

Wir möchten insbesondere den Spendern und dem Exekutivkomitee der P!ensa-Stiftung unseren Dank aussprechen. Ihr Engagement für die Entwicklung ihres Projekts zur öffentlichen Meinungsbildung hat dieses Buch erst möglich gemacht, und wir sind zuversichtlich, dass ihre Arbeit auch in Zukunft wichtige Beiträge liefern wird. Unser Dank gilt außerdem verschiedenen Wissenschaftlerinnen und Wissenschaftlern, die an verwandten Projekten mitgewirkt haben, darunter Felipe Sánchez-Barría (Pontificia Universidad Católica de Chile), Ignacio Aravena-González, Daniel Brieba, Andrés Rodríguez-Pose und Ellen Helsper (alle von der London School of Economics and Political Science), Sebastián Rivera (Universidad Mayor), Francisco Rowe (University of Liverpool) sowie Camila Quezada und Eduardo Mundt (Fundación P!ensa). Ihre wertvollen Beiträge haben uns geholfen, unseren Ansatz zu überdenken.

Darüber hinaus danken wir den Wissenschaftlerinnen und Wissenschaftlern, die während der Begutachtungsverfahren in verschiedenen Fachzeitschriften wertvolle Anregungen gaben, sowie unseren Kolleginnen und Kollegen, die bei verschiedenen Konferenzen, auf denen wir diese Ideen vorstellten, wichtige Kommentare und Vorschläge einbrachten, beispielsweise der World Association of Public Opinion Research (WAPOR), der European Regional Science Association (ERSA), der British and Irish Section of ERSA, der Regional Studies Association (RSA) und anderen.

Diese Arbeit wurde durch das chilenische FONDECYT-Projekt Nr. 1231927, FONDAP Nr. 15130009 und das ANID-Millennium Science Initiative Program Nr. NCS 2021_063 gefördert.

Inhaltsverzeichnis

1 Einführung 1
1.1 Zielsetzung des Buchs 2
1.2 Die Herausforderungen 3
1.3 Fallstudie: Chile (2017–2023) 3
1.3.1 Gesellschaftlicher Protest und Verfassungsgebungsprozess 4
1.3.2 Zentralismus, Marginalisierung und territoriale Konzentration 5
1.3.3 Die chilenische Region Valparaíso und ihre territorialen Herausforderungen 7
1.4 Aufbau des Buchs 8
Literatur 8

2 Theoretischer Rahmen 11
2.1 Politischer Unmut: Spezifität, Entwicklung und Unzufriedenheit 12
2.1.1 Politische Unzufriedenheit als multidisziplinäres Phänomen 12
2.1.2 Politische Unzufriedenheit in Lateinamerika 15
2.2 Das besondere Problem der politischen Entfremdung 17
2.2.1 Wie politische Entfremdung eingeordnet werden kann 17
2.2.2 Die persönliche Überzeugung von der eigenen Kompetenz 20
2.2.3 Die persönliche Überzeugung von der Reaktionsfähigkeit des Systems 24
2.2.4 Zurück zu den Klassikern: Die Gamson-Hypothese 25
2.3 Digitale Plattformen und ihre demokratische Rolle 27
2.3.1 Das Aufkommen des Internets: Erste Einblicke in seine demokratische Wirkung 27
2.3.2 Politische Wirksamkeit und digitale Plattformen 30
2.3.3 Das Konzept der politischen Wirksamkeit im Internet 31

2.4 Territorium und politisches Engagement . . . 33
2.4.1 Politisches Engagement und Raum: Erste Überlegungen . . . 33
2.4.2 Die Funktion des Territoriums bei bürgerschaftlicher Beteiligung . . . 34
2.4.3 Zurück zu den Klassikern: Die Politik des Ressentiments und ihre territorialen Wurzeln . . . 35
2.4.4 Geografie der Unzufriedenheit: Politische, historische, geografische und wirtschaftliche Zusammenhänge . . . 37
2.4.5 Abschließende Bemerkungen . . . 39
Literatur . . . 40

3 Methodischer Ansatz . . . 47
3.1 Fragebogendesign . . . 48
3.1.1 Bewertung politischer Einstellungen, die üblicherweise mit politischer Entfremdung assoziiert werden . . . 48
3.1.2 Internet und digitale Plattformen bei der Integration marginalisierter Regionen . . . 50
3.1.3 Weitere Anmerkungen . . . 52
3.2 Die Analyse . . . 53
3.2.1 Datenquellen und Erhebung . . . 53
3.2.2 Konsistenzanalyse . . . 54
3.2.3 Strukturgleichungsmodelle (SEM) . . . 56
3.2.4 Berücksichtigung des territorialen Kontexts . . . 59
Literatur . . . 66

4 Ergebnisse und Diskussion . . . 69
4.1 Politische Haltungen und digitale Plattformen . . . 70
4.2 Territoriale Perspektive auf die digitale Kluft . . . 72
4.3 Orte, die nicht zählen, und das Gefühl des Verlassenseins . . . 73
4.4 Vorläufige Ergebnisse zu Ressentiment und Frustration . . . 75
Literatur . . . 79

5 Fazit . . . 81
5.1 Abschließende Bemerkungen . . . 82
5.1.1 Fazit . . . 82
5.1.2 Diskussion . . . 84
5.1.3 Einschränkungen und weiterer Forschungsbedarf . . . 85
Literatur . . . 87

Anhang . . . 89

Über die Autoren

Pedro Fierro ist Assistenzprofessor an der Business School der Universidad Adolfo Ibáñez (Chile) und Visiting Fellow an der London School of Economics and Political Science (UK). Zudem ist er Forscher an der Fundación P!ensa sowie assoziierter Wissenschaftler am Millennium Nucleus for the Study of Politics, Public Opinion and Media in Chile. In jüngster Zeit forschte er als Miguel-Dols Fellow an der London School of Economics and Political Science. Vor dem Abschluss seiner Promotion in Kommunikationswissenschaft an der Universität Navarra war er Gaststudent am Department of Public Communication der Universität Pompeu Fabra. Seine Forschungsschwerpunkte liegen in der politischen Kommunikation und der politischen Geografie. Er hat Beiträge in verschiedenen Fachzeitschriften veröffentlicht, darunter Technology in Society, New Media and Society, Social Science Computer Review und das Cambridge Journal of Regions, Economy and Society.

Patricio Aroca ist Professor an der Facultad de Economía y Negocios der Universidad Andrés Bello in Chile. Zudem ist er Visiting Associate Professor an der University of Illinois Urbana-Champaign. Patricio erwarb einen B.S. in Betriebswirtschaftslehre (1983) an der Universidad Austral (Chile), einen M.A. in Volkswirtschaftslehre (1987) an der Universidad de Chile, einen M.Sc. in Policy Economics (1994) sowie einen Ph.D. in Volkswirtschaftslehre (1995) an der University of Illinois Urbana-Champaign. Seine Fachgebiete sind Regionalökonomie, Ökonometrie und Ressourcenökonomik; insbesondere befasst er sich mit regionalem Wachstum, interregionaler Arbeitsmigration und nutzt räumliche Ökonometrie sowie Input-Output-Analysen. Patricio ist Hauptverantwortlicher des Forschungskerns „Regional Science Public Policy“ der Millennium Science Initiative Chiles sowie des Forschungsprojekts „Measuring the Impact and Spillover of Chilean Regional Investment“, das von FONDEF-CONICYT gefördert wird. Patricio hat in zahlreichen internationalen Fachzeitschriften und Büchern publiziert und war als Berater für die Weltbank, UNCTAD, IADB und CELADE-ECLAC tätig. Zu guter Letzt ist er derzeit gewählter Präsident der PRSCO sowie Vorstandsmitglied der RSAI und RSAmericas.

Patricio Navia ist ordentlicher Professor für Politikwissenschaft an der Universidad Diego Portales in Chile und ordentlicher Clinical Professor für Liberal Studies an der New York University. Er promovierte 2003 in Politikwissenschaft an der New York University und hat umfänglich zu Demokratisierung, Wahlen und öffentlicher Meinung publiziert.

Kapitel 1
Einführung

Zusammenfassung Dieses Buch leistet einen konzeptionellen und methodischen Beitrag zum Verständnis zweier zentraler Phänomene: der kontextuellen und räumlichen Faktoren, die den Ärger, die Frustration und das Gefühl des Verlassenseins der Bürgerinnen und Bürger erklären, sowie der Rolle digitaler Plattformen bei der Einbindung politisch marginalisierter Regionen. Ziel ist es, von der Geografie des Wählens zur Geografie der Unzufriedenheit überzugehen und digitale Ungleichheiten durch die Integration des territorialen Kontexts neu zu interpretieren. Die Studie steht vor erheblichen Herausforderungen, insbesondere bei der Analyse „abgehängter" Regionen. Während die Verläufe von Niedergang und Deindustrialisierung für entwickelte Länder gelten, lassen sich diese Entwicklungen nicht zwangsläufig auf andere Kontexte übertragen. In Entwicklungsländern ist das Gefühl des Verlassenseins auf andere politische und kulturelle Phänomene zurückzuführen. Dieses Buch befasst sich mit diesen Komplexitäten und berücksichtigt dabei die Grenzen und Möglichkeiten für weitere Forschung. Im Fokus steht die Region Valparaíso in Chile, auf die das vorgeschlagene Framework und die Methodik angewendet werden. Chile bietet mit seinem ausgeprägten Parteiensystem, seinen soliden Institutionen und seiner hohen Internetdurchdringung, die das zivilgesellschaftliche Engagement beeinflusst haben, einen spannenden Untersuchungsrahmen. In jüngerer Zeit sah sich Chile mit einer tiefgreifenden politischen Krise konfrontiert, die von weitverbreiteter Unzufriedenheit und einem wahrgenommenen Mangel an Repräsentativität geprägt war. Die verwendeten Daten beziehen sich speziell auf Valparaíso, das einerseits nationale Realitäten widerspiegelt, andererseits aber auch besondere Merkmale aufweist, beispielsweise der Sitz des Nationalkongresses und das Zentrum der sozialen Unruhen von 2019 zu sein.

Schlüsselwörter Geografie der Unzufriedenheit · Politische Haltung · Chile · Territoriale Ungleichheit · Digitale Ungleichheit

P. Fierro et al., *Verlassene Orte im digitalen Zeitalter*,
https://doi.org/10.1007/978-3-032-07488-1_1

1.1 Zielsetzung des Buchs

Dieses Buch verfolgt das Ziel, einen konzeptionellen und methodischen Beitrag zum Verständnis zweier zentraler Phänomene zu leisten. Erstens sollen die kontextuellen und räumlichen Faktoren identifiziert werden, die den Ärger, die Frustration und das Gefühl des Verlassenseins von Bürgerinnen und Bürgern erklären können. Im Kern konzentriert sich unser Ansatz auf die Untersuchung von Gefühlen, Haltungen und Emotionen und strebt einen Übergang von der Geografie des Wählens zur Geografie der Unzufriedenheit an. Das zweite Phänomen untersucht die Rolle, die digitale Plattformen bei der Einbindung von Einwohnerinnen und Einwohnern politisch marginalisierter Gebiete spielen könnten. Sprich: Es werden klassische Studien zu digitalen Ungleichheiten aus einer räumlichen Perspektive neu interpretiert.

Unser Ansatz speist sich aus unseren Erfahrungen der vergangenen Jahre, in denen wir theoretische, methodische und praktische Herausforderungen und Erkenntnisse ausgetauscht haben.

Dieses Buch beleuchtet die komplexe Beziehung zwischen räumlichen Ungleichheiten und politischer Unzufriedenheit im digitalen Zeitalter. Die jüngsten Zunahmen populistischer Narrative, der Euroskeptizismus und die verstärkte Polarisierung in etablierten Demokratien unterstreichen die Notwendigkeit, Unzufriedenheit näher zu untersuchen. Während viele Studien individuelle Erklärungen auf der Basis sozialer, wirtschaftlicher oder demografischer Faktoren in den Vordergrund stellen, rückt die territoriale Dimension zunehmend in den Fokus. Prägende Ereignisse wie der Brexit und der Aufstieg von Donald Trump vor fast einem Jahrzehnt sowie die jüngste Ausweitung euroskeptischer und nationalistischer Narrative im Europäischen Parlament deuten auf eine räumliche Dimension hin, die häufig übersehen wird. Bestimmte Regionen haben sich zu Hochburgen der Anti-Establishment-Stimmung entwickelt, und sie sind nicht zwangsläufig ländlich, arm oder materiell benachteiligt.

Vor diesem Hintergrund deuten verschiedene Beiträge darauf hin, dass räumliche Ungleichheiten, wirtschaftlicher Niedergang und Deindustrialisierungsprozesse eng mit der Förderung disruptiver Narrative verknüpft sind. In diesem Buch wird ein umfassender Überblick über diesen sich entfaltenden Diskurs im Kontext des Globalen Südens angestrebt, wobei der Fokus der Analysen auf der chilenischen Region Valparaíso liegt, der zweitwichtigsten Region des Landes.

Wir analysieren, wie räumliche Marginalisierung Gefühle von Verlassenheit und Desillusionierung hervorruft, noch bevor sie sich in Wahlverhalten niederschlagen. Das Buch bietet einen umfassenden Überblick über Unzufriedenheit in jungen Demokratien, untersucht politische Entfremdung als Teilaspekt von Unzufriedenheit und analysiert die Rolle von Territorium und digitalen Medien bei der Förderung zivilgesellschaftlichen Engagements. Zudem werden die in unserer Studie eingesetzten methodischen Instrumente und Techniken erläutert.

Zur empirischen Fundierung stützen sich die Erkenntnisse dieses Buchs maßgeblich auf Umfragen, die zwischen 2017 und 2023 in Chile durchgeführt wurden.

Chile bietet mit seinem ausgeprägten politischen und gesellschaftlichen Zentralismus sowie den jüngsten politischen Umbrüchen einen besonders interessanten Untersuchungsfall. Da sich der Diskurs über die „Geografie der Unzufriedenheit" bislang vor allem auf Europa und die USA konzentriert, eröffnet unser Fokus auf Chile eine neue Perspektive aus der südlichen Hemisphäre.

1.2 Die Herausforderungen

Die Untersuchung zeigt erhebliche Herausforderungen auf, die im Verlauf des Buchs diskutiert werden. Die wohl entscheidendste Herausforderung betrifft die Herangehensweise an diese „abgehängten" Orte. Die Entwicklungspfade von Niedergang und Deindustrialisierung mögen auf entwickelte Länder zutreffen, jedoch nicht zwangsläufig auf andere Kontexte. Dies zeigt sich in der aktuellen Literatur zu regionalen Entwicklungssackgassen und deren Zusammenhang mit Anti-Establishment-Narrativen. In Entwicklungsländern existieren keine klassischen Entwicklungssackgassen, was jedoch nicht bedeutet, dass es dort keine abgehängten Regionen gibt. Verlassenheit scheint in diesen Regionen auf andere politische und kulturelle Phänomene zurückzugehen, die einer eigenen Untersuchung bedürfen. Dieses Buch widmet sich dieser Thematik und reflektiert dabei sowohl die Grenzen als auch die Möglichkeiten für weiterführende Forschung.

Vor diesem Hintergrund ist es unser Ziel, eine Perspektive zu bieten, die die klassischen und grundlegenden Beiträge der Wirtschaftsgeografie und Politikwissenschaft einbezieht. Darüber hinaus möchten wir das Thema aus Sicht der Kommunikationswissenschaft, neuer digitaler Plattformen und neuer Formen politischer Partizipation beleuchten, insbesondere im Hinblick auf die Entwicklung dessen, was gemeinhin als digitale und demokratische Kluft bezeichnet wird.

1.3 Fallstudie: Chile (2017–2023)

Um den vorgeschlagenen Rahmen und die Methodik anzuwenden, konzentriert sich dieses Buch auf den spezifischen Fall der Region Valparaíso in Chile.

Chile bietet zunächst einen besonders interessanten Kontext für derartige Untersuchungen. Als lateinamerikanisches Land zeichnet es sich in den letzten Jahrzehnten durch ein starkes Parteiensystem, stabile Institutionen, Rechtsstaatlichkeit, sporadische Korruption und wirtschaftliches Wachstum aus (Mainwaring & Scully, 2008; Roberts, 2015). Darüber hinaus handelt es sich um ein Land mit hoher Internetdurchdringung (CEPAL, 2016; Subtel, 2017), was sich im vergangenen Jahrzehnt auf das zivilgesellschaftliche Engagement ausgewirkt hat (Valenzuela et al., 2012, 2014) und weiterhin verschiedene Herausforderungen im Bereich der Digitalisierung mit sich bringt (OECD, 2020).

In den letzten Jahren jedoch durchläuft Chile eine der bedeutendsten politischen Krisen seit der Rückkehr zur Demokratie, geprägt von weitverbreiteter Unzufriedenheit und einem empfundenen Mangel an Repräsentativität (Castiglioni, 2014; Castiglioni & Kaltwasser, 2016; Gamboa & Segovia, 2016; Luna, 2016; Segovia & Gamboa, 2012).

1.3.1 Gesellschaftlicher Protest und Verfassungsgebungsprozess

Im Oktober 2019 erlebte Chile einen beispiellosen gesellschaftlichen Aufstand in seiner jüngeren Geschichte: Über eine Million Menschen protestierten in der Hauptstadt Santiago, landesweit waren es schätzungsweise zwei Millionen (Somma et al., 2021). Diese gesellschaftliche Mobilisierung wurde von Verwüstung und Gewalt im ganzen Land begleitet, was zur Lähmung von Grundversorgungsleistungen (wie des öffentlichen Nahverkehrs) und zu einem Klima starker politischer Polarisierung und Anspannung führte.

Für einige Forschende sind die gesellschaftlichen Unruhen sinnbildlich, da sie in einem Land stattfanden, das – wie bereits erwähnt – als Modell für demokratische Stabilität, wirtschaftliches Wachstum und sozialen Frieden galt, insbesondere im lateinamerikanischen Kontext. In diesem Zusammenhang wird vorgeschlagen, dass sich die politischen Unruhen mit Ungleichheit begründen lassen können. Zwar konnte Chile in den letzten Jahrzehnten die Armut deutlich verringern, die zwischenmenschlichen Ungleichheiten gingen jedoch nicht im gleichen Maß zurück. Dies führte zu Unzufriedenheit in einer Bevölkerung, die bereits seit geraumer Zeit auf eine Krise der politischen Repräsentation hingewiesen hatte (Morales Quiroga, 2021).

Andere Wissenschaftlerinnen und Wissenschaftler bieten zusätzliche Erklärungen, die verschiedene Dimensionen umfassen. Aus biografischer Sicht der Protestierenden handelte es sich überwiegend um eine Bewegung mit starker Beteiligung linksgerichteter Studierender, obwohl die vorgebrachten Forderungen – bessere Renten, höhere Löhne, ein verbessertes öffentliches Verkehrssystem und bessere Bildung – breit gefächert waren und große Teile der Bevölkerung ansprachen. Dennoch blieb es eine eher unorganisierte Bewegung, in der sporadische Führungspersonen und zivilgesellschaftliche Organisationen – strukturelle Verfügbarkeit – eine Nebenrolle spielten (Somma et al., 2021).

Einer der Faktoren, der die Analyse dieser Zeit besonders erschwert, ist jedoch die große Bandbreite an Unmutsbekundungen, die von friedlichen Protesten bis hin zu gewalttätigen Aktionen und gewöhnlichen kriminellen Handlungen wie Plünderungen und der Zerstörung von öffentlichem und privatem Eigentum reichten. Die Plünderungen, die sich gegen Ende Oktober verstärkten, führten sogar zu Versorgungsengpässen, wovon insbesondere benachteiligte Bevölkerungsgruppen betroffen waren.

Es folgte ein für die Landesgeschichte untypischer politischer Prozess, geprägt von einer breiten politischen Einigung, die einen Verfassungsgebungsprozess einleitete, um die zum Zeitpunkt gültige, im politischen Spektrum vielfach mit Pinochet assoziierte Verfassung zu ersetzen. Im Jahr 2020 stimmten – mitten in der COVID-19-Pandemie – 78 % der Bevölkerung in einer Volksabstimmung für eine neue Verfassung, wobei 79 % dafür votierten, dass diese von einer Gruppe gewählter Vertreterinnen und Vertreter ausgearbeitet werden soll. In diesem Prozess errangen rechte Parteien in Chile lediglich ein Viertel der Sitze. Die Entwicklung nahm jedoch im September 2022 eine unerwartete Wendung, als 62 % der Bevölkerung den vorgeschlagenen Verfassungsentwurf in einer Volksabstimmung ablehnten.

Infolge des ersten Scheiterns einigte sich die politische Klasse auf einen zweiten Verfassungsgebungsprozess, diesmal mit 50 gewählten Vertreterinnen und Vertretern, die auf der Grundlage eines von einer Expertengruppe – benannt durch die Parteien – erarbeiteten Vorschlags arbeiteten. Bei diesem zweiten Anlauf sicherte sich das rechte Lager 33 der 50 verfügbaren Sitze. Dennoch lehnten im Dezember 2023 56 % der Bürgerinnen und Bürger den Verfassungsentwurf erneut in einer Volksabstimmung ab. Damit ist Chile das einzige Land, das zwei neue Verfassungen an der Abstimmungsurne ablehnte, mit einer politische Klasse, die bislang keine institutionelle Lösung für die seit 2019 andauernde Krise herbeiführen konnte.

1.3.2 Zentralismus, Marginalisierung und territoriale Konzentration

Stand 2024 ist Chile in 16 Verwaltungsregionen und 346 Gemeinden unterteilt (Abb. 1.1). Wie andere lateinamerikanische Länder weist Chile eine äußerst zentralistische Struktur auf, die sich durch rückständige Regionen, geringe subnationale Ausgaben und Gebiete mit starker Abhängigkeit von direkten Transfers aus der Hauptstadt auszeichnet (OECD, 2009, 2017). Hinzu kommt eine hohe wirtschaftliche Ungleichheit, die sich sowohl zwischenmenschlich als auch territorial manifestiert.

Diese vielschichtige Ungleichheit ist von zentraler Bedeutung, da sämtliche Analysen, die darauf abzielen, die politische Krise des Landes zu verstehen, die Ungleichheit als zentrales Problem identifizieren. Oft wird jedoch übersehen, dass diese Ungleichheiten nicht nur zwischenmenschlich, sondern auch territorial bestehen. In Chile zeigt sich das letztgenannte Problem in der erheblichen Konzentration der Entwicklungsvorteile in Santiago. Die Hauptstadt verfügt über die besten Schulen, Krankenhäuser, Kliniken, Universitäten, kulturellen Veranstaltungen und vieles mehr.

Obwohl die territoriale Konzentration kein neues Problem ist, ist es beunruhigend, dass sie sich von Jahr zu Jahr verschärft. Dies ist umso erstaunlicher,

Abb. 1.1 Chilenische Karte der Gemeinden. *Hinweis* Dargestellt sind die kontinentalen Gemeinden Chiles; zwei Inselgemeinden (Juan Fernández und Osterinsel) sind nicht enthalten.

als seit Beginn der neuen Demokratie über Dringlichkeit und Schwere des Problems Einigkeit herrscht.

Im Rückblick auf die gesellschaftlichen Unruhen vom 18. Oktober 2019 liegt der Fokus häufig auf den Protesten in Santiago (der Hauptstadt). Selten wird daran erinnert, dass bereits zuvor die Regierung von Präsident Sebastián Piñera mit Protesten unter anderem in Aysén, Punta Arenas, Freirina, Copiapó und Chiloé konfrontiert war. All dies waren territoriale Konflikte, die auf einem Gefühl der Verlassenheit beruhten. Einige Dimensionen des in Chile wahrgenommenen Unmuts – jene, die Offe (2006) mit leidenschaftlicheren Elementen verbindet – scheinen eng mit diesem ausgeprägten Gefühl des In-Vergessenheit-geraten-Seins verbunden zu sein.

Wenn also das vorherrschende Gefühl das des Verlassenseins ist, ist es dringend notwendig, die zugrunde liegenden Elemente dieser „Entfremdung" – wie einige Politikwissenschaftler es nennen – zu identifizieren und zu verstehen. Jüngste Forschungen legen nahe, dass Unzufriedenheit – und damit auch Anti-Establishment-Wahlverhalten – nur aus territorialer Perspektive verstanden werden kann, insbesondere durch die Analyse des Geschehens in „Orten, die keine Rolle spielen". Angesichts des ausgeprägten Zentralismus und der territorialen Konzentration in Chile kommt den territorialen Ungleichheiten in dieser Debatte besondere Bedeutung zu. Derzeit gibt es Einwohnerinnen und Einwohner, die sich marginalisiert, vergessen und für das System bedeutungslos fühlen. Leider hat sich die Brisanz dieses Problems nicht in öffentlichen Maßnahmen oder echtem Interesse niedergeschlagen.

1.3.3 Die chilenische Region Valparaíso und ihre territorialen Herausforderungen

Wie in den folgenden Kapiteln erläutert wird, beziehen sich die in dieser Arbeit verwendeten Daten speziell auf die chilenische Region Valparaíso, die zweitgrößte des Landes. Während dieses Gebiet als repräsentativ für die nationale Realität betrachtet werden kann, weist die Region Valparaíso auch besondere Charakteristika auf. Hervorzuheben ist, dass die Stadt Valparaíso (die Landeshauptstadt) Sitz des Nationalkongresses ist und einer der Brennpunkte der gesellschaftlichen Unruhen von 2019 war (BBC, 2019).

Im Kontext des ausgeprägten chilenischen Zentralismus berichten bestimmte Gebiete, dass sie auch unter intraregionalem Zentralismus leiden. Dies bedeutet, dass typischerweise kleinere Gebiete mit geringem Wählergewicht in der Debatte um regionale Entwicklungsmaßnahmen und -politik ins Hintertreffen geraten. Die Behörden konzentrieren sich dabei vor allem auf zentralere Gebiete mit größerer Wählerbasis. Diese Realität zeigt sich in verschiedenen Teilen Chiles, und in den letzten Jahren haben einige Regionen sogar eine Abspaltung gefordert und einer regionalen Elite sowohl in sozialer, politischer wie auch wirtschaftlicher Hinsicht vorgeworfen, nicht auf lokale Interessen und Kulturen einzugehen. In den vergangenen zehn Jahren wurden zwei neue Regionen geschaffen. In der Region Valparaíso ist dieses Problem besonders ausgeprägt, mit einer langjährigen Kampagne zur Schaffung einer neuen Region in der heutigen Provinz Aconcagua (derzeit Teil der Region Valparaíso). Diese Bestrebungen wurden sogar in den jüngsten Verfassungsgebungsprozess eingebracht (BBCL, 2021; TVN, 2022).

Zusammenfassend ist Chile ein Land, das sowohl von zwischenmenschlicher als auch territorialer Ungleichheit, ausgeprägtem Zentralismus und aktuell einer der schwerwiegendsten politischen Krisen seiner jüngeren Geschichte gekennzeichnet ist. Gleichzeitig handelt es sich um eine Nation mit einem gewissen Entwicklungsniveau und hoher Internetdurchdringung, was sich, wie weltweit zu beobachten ist, auf die Art und Weise ausgewirkt hat, wie Menschen sich politisch engagieren.

1.4 Aufbau des Buchs

Um unser Ziel zu erreichen, ist dieses Buch wie folgt aufgebaut: Im nächsten Kapitel wird der theoretische Rahmen unseres Ansatzes entwickelt, beginnend mit der Herausforderung der Unzufriedenheit, gefolgt vom spezifischen Problem der politischen Entfremdung und anschließend der Untersuchung von Studien, die sich mit diesen Themen anhand der Rolle digitaler Plattformen und des territorialen Kontexts beschäftigt haben. Das nachfolgende Kapitel befasst sich mit dem methodischen Ansatz dieses Projekts. In diesem Rahmen erläutern wir die Entwicklung des Fragebogens, geben Details zu den verwendeten Daten und stellen die eingesetzten Techniken zur Überprüfung unserer Hypothesen und zur Analyse der beschriebenen Phänomene vor.

In einem weiteren Kapitel präsentieren wir einige Ergebnisse, die auf einer Reihe von Untersuchungen der letzten fünf Jahre basieren. Im abschließenden Kapitel reflektieren wir die wichtigsten Erkenntnisse und stellen weiterführende Überlegungen an.

Literatur

BBC. (2019). Protestas en Chile – Valparaíso: Cómo la ciudad Patrimonio de la Humanidad se convirtió en un campo de batalla [newspaper]. Retrieved February 23, 2024, from https://www.bbc.com/mundo/noticias-america-latina-50643444.

BBCL. (2021). ¿Región de Aconcagua? Subdere confirma que segunda etapa para evaluar independencia comenzará pronto [newspaper]. Retrieved August 15, 2023, from https://www.biobiochile.cl/noticias/nacional/region-de-valparaiso/2021/07/27/region-de-aconcagua-subdere-confirma-que-segunda-etapa-para-evaluar-independencia-comenzara-pronto.shtml.

Castiglioni, R. (2014). Chile: Elecciones, conflictos e incertidumbre. *Revista de Ciencia Pol í tica, 34*(1), 79–104.

Castiglioni, R., & Kaltwasser, C. R. (2016). Challenges to political representation in contemporary Chile. *Journal of Politics in Latin America, 8*(3), 3–24. https://doi.org/10.1177/1866802X1600800301.

CEPAL. (2016). *Estado de banda ancha en Am é rica Latina y el Caribe 2016*. United Nations.

Gamboa, R., & Segovia, C. (2016). Chile 2015: Falla política, desconfianza y reforma. *Revista de Ciencia Pol í tica, 36*(1), 123–144. https://doi.org/10.4067/S0718-090X2016000100006.

Luna, J. P. (2016). Chile's crisis of representation. *Journal of Democracy, 27*(3), 129–138. https://doi.org/10.1353/jod.2016.0046.

Mainwaring, S., & Scully, T. R. (2008). Latin America: Eight lessons for governance. *Journal of Democracy, 19*, 113–127. https://doi.org/10.1353/jod.0.0001.

Morales Quiroga, M. (2021). Chile's perfect storm: Social upheaval, COVID-19 and the constitutional referendum. *Contemporary Social Science, 16*(5), 556–572. https://doi.org/10.1080/21582041.2021.1973677.

OECD. (2009). *OECD territorial reviews*. Chile.

OECD. (2017). *Making decentralisation work in Chile*. https://www.oecd-ilibrary.org/content/publication/9789264279049-en.

OECD. (2020). *Digital government in Chile – Improving public service design and delivery*.

Offe, C. (2006). Political disaffection as an outcome of institutional practices? Some post-Tocquevillean speculations. In M. Torcal & J. R. Montero (Eds.), *Political disaffection in contemporary democracies*. Routledge.

Roberts, K. M. (2015). *Changing course in Latin America: Party systems in the neoliberal era*. Cambridge University Press. https://doi.org/10.1017/CBO9780511842856.

Segovia, C., & Gamboa, R. (2012). Chile: El año en que salimos a la calle. *Revista de Ciencia Pol í tica, 32*(1), 65–85.

Somma, N. M., Bargsted, M., Disi Pavlic, R., & Medel, R. M. (2021). No water in the oasis: The Chilean Spring of 2019–2020. *Social Movement Studies, 20*(4), 495–502. https://doi.org/10.1080/14742837.2020.1727737.

Subtel. (2017). *Novena Encuesta de Acceso*. Subsecretaría de Telecomunicaciones: Usos y Usuarios de Internet.

TVN. (2022). Convención constitucional plantean consulta para crear Región de Aconcagua [newspaper]. https://www.24horas.cl/regiones/zona-centro/valparaiso/convencion-constitucional-plantean-consulta-para-crear-region-de-aconcagua. Zugegriffen: 15. Aug. 2023.

Valenzuela, S., Arriagada, A., & Scherman, A. (2014). Facebook, Twitter, and Youth engagement: A quasi-experimental study of social media use and protest behavior using propensity score matching. *International Journal of Communication, 8*. http://ijoc.org/index.php/ijoc/article/view/2022

Valenzuela, S., Arriagada, A., & Scherman, A. (2012). The social media basis of youth protest behavior: The case of Chile. *Journal of Communication, 62*(2), 299–314. https://doi.org/10.1111/j.1460-2466.2012.01635.x

Kapitel 2
Theoretischer Rahmen

Zusammenfassung In diesem Kapitel wird die entscheidende Rolle territorialer Kontexte bei der Ausprägung moderner politischer Gefühle von Ohnmacht und Frustration untersucht. Während Unzufriedenheit häufig anhand individueller Faktoren analysiert wird, hebt die jüngere Forschung den tiefgreifenden Einfluss geografischer und kontextueller Faktoren hervor. Aufbauend auf Konzepten wie Katherine J. Cramers „rural consciousness" (ländliches Bewusstsein) und dem Ansatz der „Geografie der Unzufriedenheit" wird untersucht, wie territoriale Marginalisierung und historische wirtschaftliche Entwicklungen politische Haltungen und Verhaltensweisen prägen, illustriert durch Fallstudien aus Lateinamerika, Europa und den USA. Wir plädieren für einen Perspektivwechsel von der „Geografie des Wählens" hin zu einer „Geografie der Unzufriedenheit" und betonen die Notwendigkeit, Dimensionen der Haltung zu berücksichtigen, die in traditionellen Analysen häufig vernachlässigt werden. Dabei wird anhand von Protesten in Lateinamerika, beispielsweise die Demonstrationen in Chile 2019, aufgezeigt, wie unerfüllte Erwartungen und das Gefühl der Vernachlässigung politischen Groll schüren. Im Gegensatz zu Europa und den USA, wo Unzufriedenheit häufig in populistische Narrative mündet, verdeutlicht die lateinamerikanische Erfahrung vielfältige Ausdrucksformen von Unzufriedenheit, darunter Proteste und Wahlverzicht. Darüber hinaus werden in diesem Kapitel Instrumente zur Verfügung gestellt, um das demokratisierende Potenzial digitaler Plattformen insbesondere für marginalisierte Gruppen zu erfassen. Durch die Integration territorialer und digitaler Dimensionen bietet diese Arbeit einen multidisziplinären Rahmen zur Analyse politischer Entfremdung und liefert Impulse zur Bewältigung demokratischer Herausforderungen in unterschiedlichen Kontexten.

Schlüsselwörter Politische Entfremdung · Politische Wirksamkeit · Territoriale Ungleichheit · Digitale Kluft · Zivilgesellschaftliches Engagement

P. Fierro et al., *Verlassene Orte im digitalen Zeitalter*,
https://doi.org/10.1007/978-3-032-07488-1_2

2.1 Politischer Unmut: Spezifität, Entwicklung und Unzufriedenheit

2.1.1 Politische Unzufriedenheit als multidisziplinäres Phänomen

Trotz des gestiegenen Interesses verschiedener Disziplinen am Verständnis und an der Erklärung von politischer Unzufriedenheit in der jüngsten Zeit handelt es sich dennoch um ein seit langem bestehendes Problem. In den vergangenen Jahrzehnten, insbesondere seit der zweiten Hälfte des 20. Jahrhunderts, ist die Untersuchung politischer Unzufriedenheit ein wiederkehrendes Thema in den Sozialwissenschaften. Sowohl in gefestigten als auch in aufstrebenden Demokratien sind Diskussionen über enttäuschte Bürgerinnen und Bürger (Torcal, 2006), einen Rückgang des zivilgesellschaftlichen Engagements (Almond & Verba, 1989; Putnam, 1995), Repräsentationskrisen (Luna, 2016) und verlassene Orte (Rodríguez-Pose, 2016) alltäglich geworden. Allerdings war die klassische Forschung zu diesem Thema nicht immer treffsicher darin, die potenziellen Folgen dieser Phänomene vorherzusagen.

Gerade die Auswirkungen von Unzufriedenheit auf die Demokratie haben zahlreiche Forschende besonders beschäftigt. In ihrem grundlegenden Werk zu demokratischen Werten und Bürgersinn betonten Almond und Verba (1989) die Wichtigkeit, politische Haltungen im Zusammenhang mit der Leistungsfähigkeit und der Stabilität des jeweiligen demokratischen Systems zu verstehen. Sie waren der Ansicht, dass beides intrinsisch miteinander verknüpft ist und sich gegenseitig beeinflusst. Insbesondere argumentierten sie, dass das Funktionieren von Institutionen von verschiedenen engagementbezogenen Faktoren beeinflusst wird, wie etwa der Häufigkeit der zivilgesellschaftlichen oder politischen Beteiligung und der Überzeugung, dass das System legitim ist und auf die „gewöhnlichen Bürger" eingeht. Diese klassische Vorstellung von Engagement – die von Aristoteles bis Tocqueville reicht – hat sich zu einem plausiblen und konsistenten Argument entwickelt. Die Demokratie gedeihe durch eine aktive und partizipative Bürgerschaft, die gut informiert ist und ein ausgeprägtes Verantwortungsbewusstsein besitzt. Das System wird nicht nur von den Überzeugungen und Haltungen seiner Bürgerinnen und Bürger geprägt, sondern diese Bürgerinnen und Bürger sollten auch gemäß den „Anforderungen" des demokratischen Systems handeln (Almond & Verba, 1989).

Im Lauf der Zeit erwies es sich jedoch als nicht ganz einfach, diese Ideen empirisch zu überprüfen und zu belegen. Daher haben einige Wissenschaftler und Wissenschaftlerinnen argumentiert, dass die mit Unzufriedenheit verbundenen Probleme nicht zwangsläufig zu einem Ungleichgewicht in demokratischen Systemen führen. Dieser Punkt ist entscheidend, da verschiedene Autorinnen und Autoren darauf hingewiesen haben, dass die Untersuchung politischer Unzufriedenheit die Komplexität und Multidimensionalität des Phänomens anerkennen muss. Je nach gewähltem Ansatz wird es daher schwierig, Ursachen und Folgen eindeutig zu bestimmen.

In ihrem grundlegenden Werk „The Legitimacy Puzzle in Latin America“ stellen Booth und Seligson (2009) eine der klassischen Annahmen zur Erforschung von Unzufriedenheit infrage, nämlich dass Entfremdung nachteilige Auswirkungen auf die Legitimität demokratischer Regime habe. Auf der Grundlage der ihnen zu diesem Zeitpunkt vorliegenden Informationen und Daten deuten sie an, dass Bürgerinnen und Bürger, die mit der Führung ihrer Regierungen unzufrieden sind und Unmut zeigen, nicht zwangsläufig protestieren oder sich aus traditionellen politischen Aktivitäten zurückziehen. Im Gegenteil, gerade diese Gruppe – also die Entfremdeten – könnte der Teil der Bürgerschaft sein, der sich überdurchschnittlich häufig beteiligt, sowohl über konventionelle Mechanismen als auch über alternative Initiativen (beispielsweise zivilgesellschaftliche oder gemeinschaftsbasierte Projekte). Zusammengefasst vermitteln die Autoren, dass selbst bei negativer Bewertung der Regierungen die Unterstützung für das demokratische Regime oft robust und gesund bleibt.

Unter anderem verdeutlicht der Ansatz von Booth und Seligson eine Reihe von Herausforderungen bei der Erforschung und dem Verständnis von Unzufriedenheit. Erstens gibt es, wie wir bereits in den vorangegangenen Absätzen angedeutet haben, keinen Zweifel daran, dass sich verschiedene Ansätze zu diesem Phänomen sowohl in der Theorie als auch in der Methodik unterscheiden. Viele Studien betrachten Unzufriedenheit als eindimensionales Phänomen und verknüpfen sie mit spezifischeren Problemen: Unzufriedenheit mit einer bestimmten Regierung, Misstrauen gegenüber Institutionen oder Frust über das eigene politische Handeln. Bei der Durchsicht der bisherigen bedeutenden Beiträge wird deutlich, dass es Elemente der Unzufriedenheit gibt, die nicht zwangsläufig denselben Dynamiken und Logiken folgen. So besteht beispielsweise ein deutlicher Unterschied zwischen einer rationalen Ablehnung des demokratischen Systems und einem eher emotionalen Gefühl von Wut und Ohnmacht gegenüber einer bestimmten Autorität oder Institution (Offe, 2006). Ebenso ist die Analyse der Beziehung der Bürgerinnen und Bürger zu ihren lokalen politischen Gemeinschaften nicht gleichzusetzen mit der Untersuchung ihrer Bindung an nationale Institutionen (McKay, 2019). Auch wenn all diese Aspekte typischerweise mit Unzufriedenheit assoziiert werden, unterscheiden sie sich in vielerlei Hinsicht. Ihre Merkmale, Entwicklungen, Erklärungen und Folgen variieren, was nahelegt, dass sie jeweils gesondert betrachtet werden sollten.

Zu diesem Problem der „Spezifität“ kommt eine zweite Herausforderung hinzu, die mit dem Verlauf des untersuchten Phänomens zusammenhängt. Häufig mangelt es an hochwertigen Daten, die eine Analyse politischer Unzufriedenheit einschließlich ihrer zeitlichen Dimension ermöglichen. Dies ist von entscheidender Bedeutung, da die Untersuchung politischer Haltungen Schwankungen in deren Volatilität berücksichtigen sollte. Klassische Autorinnen und Autoren wie David Easton haben diesen Punkt mit großer Präzision hervorgehoben. Während es Überzeugungen und Gefühle gibt, die eng an die Leistung einer Regierung gebunden sind, existieren auch diffusere und stabilere Haltungen, von denen viele über längere Zeiträume, teils sogar über Generationen hinweg, bestehen bleiben (Easton & Dennis, 1967; Easton, 1975, 1976).

Über die Herausforderungen der „Spezifität“ und des „Verlaufs“ hinaus besteht weiterhin eine Lücke hinsichtlich des tatsächlichen Ausmaßes der in den letzten Jahrzehnten berichteten zentralen Erkenntnisse. Wie zu erwarten ist – und wie Booth und Seligson (2009) anmerken – sollte Unzufriedenheit stets im jeweiligen Kontext betrachtet werden, wenn es um ihre Ursachen und Folgen geht. Dies unterstreicht die Bedeutung, auch jene Regionen einzubeziehen, die in der Debatte oft fehlen – typischerweise der Globale Süden –, sowie die Notwendigkeit, räumliche Aspekte und lokale Dynamiken stärker zu berücksichtigen. Genau diese Problematik ist die Hauptmotivation für dieses Buch. Wie wir in den folgenden Abschnitten näher ausführen werden, haben neuere Studien die Bedeutung betont, Unzufriedenheit unter Berücksichtigung spezifischer territorialer Kontexte zu analysieren, einschließlich innerstädtischer Unterschiede. Es geht nicht nur um Stadt-Land- oder Zentrum-Peripherie-Gegensätze, sondern auch darum, dass politische Stimmungen auf Nachbarschaftsebene erlebt werden. Aufgrund der verfügbaren Erkenntnisse kann das Leben in einer „vernachlässigten“ Region bestimmte Einstellungen beeinflussen, wobei jedoch die Bedeutung kleinerer territorialer Einheiten nicht außer Acht gelassen werden dürfen, nicht nur in Bezug auf die Zugehörigkeit, sondern auch in Bezug auf die nachbarschaftlichen Beziehungen. Leider wurden diese Themen in der Literatur bislang kaum behandelt, vor allem da Daten fehlen, die eine Untersuchung von Einstellungen und Überzeugungen auf lokaler Ebene ermöglichen würden. Trotz mehrerer globaler Engagementprojekte konzentrieren sich die meisten verfügbaren Umfragen, die besonders relevant für die Messung politischer Haltungen sind, auf nationale oder kontinentale Bevölkerungen.

Diese mit der Erforschung von Unzufriedenheit verbundenen Komplexitäten sollten jedoch keinesfalls zu Lähmung führen, sondern zum Gegenteil. Mehr denn je stehen uns heute Ressourcen und Methoden zur Verfügung, den Herausforderungen in diesem Bereich zu begegnen.

Bei der Untersuchung bürgerschaftlicher Werte konzentrierten sich Almond und Verba auf den Aufstieg von Faschismus und Kommunismus nach dem Ersten Weltkrieg. Aus ihrer Sicht hat dieser Prozess berechtigte Zweifel an der unausweichlichen Zukunft der europäischen Demokratie aufgeworfen. Ihre Fragestellung war damals höchst relevant: Lassen sich Prozesse identifizieren, die auf die jeweiligen Kulturen und sozialen Institutionen eines Landes passen? Nach Ansicht der Autoren hat der Zweite Weltkrieg diesen Zweifel globalisiert, da neue politische Akteure bestrebt waren, sich aus der Isolation der modernen Welt zu lösen. Diese Überlegung ist auch heute noch von Interesse. Die Autoren sprechen nicht nur von Ländern oder Kontinenten, sondern von einer breiten Gruppe historisch marginalisierter Menschen, die damals den Zugang zum politischen System forderten.

Auch heute stehen Studien zur Unzufriedenheit vor einer Situation, die gewisse Parallelen zu den von Almond und Verba beschriebenen aufweist. Die Herausforderung der Inklusion lässt sich mit den Erfahrungen in verschiedenen Regionen der Gegenwart vergleichen. Selbst in den gefestigtsten Demokratien der Welt ist von vergessenen Orten und Menschen die Rede, von Gruppen, die vom Fortschritt abgehängt wurden.

In der Debatte über Unzufriedenheit und Unbehagen muss zwangsläufig auch diese Facette der Marginalisierung und Vernachlässigung berücksichtigt werden – ein Aspekt, der in aktuellen Studien zur „Geografie der Unzufriedenheit“ häufig thematisiert wird und nicht notwendigerweise an soziodemografische Parameter gebunden ist. Im speziellen Fall von Entwicklungsländern zeigt sich diese Rückständigkeit nicht nur in einer bestimmten wirtschaftlichen Entwicklung, sondern auch in anderen Faktoren wie territorialer Konzentration, Wahrnehmung von Ungleichheit, Geschlecht oder sogar Alter. All diese Aspekte – neben vielen weiteren – sind entscheidend und unerlässlich für das Verständnis und die Erklärung von Unzufriedenheit.

2.1.2 Politische Unzufriedenheit in Lateinamerika

Und erneut steht die Relevanz der Untersuchung dieser Phänomene vor der Herausforderung, sie präzise zu erfassen. Angesichts des Erfolgs populistischer, nationalistischer und antieuropäischer Narrative gab es zahlreiche Bemühungen, die Dynamik der Unzufriedenheit anhand von Wahlergebnissen zu verstehen. Die Evidenz legt insbesondere nahe, dass das potenzielle Gefühl von Wut und Ohnmacht der Bürgerinnen und Bürger von Projekten aufgegriffen wurde, die als „Bedrohung“ für das demokratische System wahrgenommen werden. So werden eine Reihe liberaler Institutionen, die – im Sinn von Almond und Verba (1989) – einst als Errungenschaften galten und ein „unabdingbares Faktum“ darstellten, nun von einer Reihe an politischen Führungspersönlichkeiten mit breiter gesellschaftlicher Unterstützung infrage gestellt.

Eines der Hauptprobleme besteht jedoch darin, dass diese Dynamiken – die insbesondere in verschiedenen europäischen Ländern und den USA deutlich zu beobachten sind – nicht auf alle globalen Kontexte übertragbar sind. In manchen Fällen etwa äußert sich Unzufriedenheit nicht zwangsläufig über Wahlprozesse. Bereits davor gibt es eine Vielzahl politischer Handlungen, die sich durch eine tiefe Verankerung in der Bevölkerung auszeichnen. Jüngste Ereignisse in Brasilien belegen dies. Anfang 2023 stürmten Tausende Demonstrierende den Praça dos Três Poderes in der Hauptstadt Brasília. Während der Auseinandersetzungen wurden sowohl das Oberste Bundesgericht als auch der Nationalkongress verwüstet, zahlreiche Kulturgüter beschädigt und damit das institutionelle Gefüge insgesamt infrage gestellt. Nur wenige Jahre zuvor gingen in Kolumbien Hunderttausende Menschen auf die Straße, um zu protestieren. Unter Missachtung der während der Pandemie geltenden Gesundheitsmaßnahmen – die Ereignisse fanden im April 2021 statt – wurden die Demonstrationen ursprünglich durch den Widerstand gegen die von Präsident Duque vorangetriebene Steuerreform ausgelöst. Kurz darauf machten die Protestierenden jedoch deutlich, dass ihre eigentlichen

Beweggründe weitaus diffuser waren und auf politische Maßnahmen der vergangenen Jahrzehnte im südamerikanischen Land zurückzuführen seien.

Chile, unser Untersuchungsfall, erlebte nur zwei Jahre zuvor einen ganz ähnlichen Prozess wie Kolumbien, mit weitreichenden Folgen, die bis zum Zeitpunkt der Abfassung dieses Buchs nachwirken. Am 18. Oktober 2019 kam es nach einer Fahrpreiserhöhung für die Metro – das wichtigste städtische Verkehrsmittel in Santiago – zu den massivsten und bedeutendsten Mobilisierungen seit der Rückkehr zur Demokratie. Allein in der Hauptstadt des Landes versammelten sich über eine Million Menschen auf den Straßen, wobei es zu Zerstörungen, Gewalt und Repressalien kam. Wie später auch in Kolumbien erklärten die Protestierenden, dass ihre Aktionen nicht ausschließlich auf die Erhöhung der Fahrpreise im öffentlichen Nahverkehr – eine Erhöhung um 0,035 US-Dollar – zurückzuführen seien, sondern vielmehr auf strukturelle Ursachen, die sich ihrer Meinung nach in missbräuchlichen politischen Maßnahmen widerspiegelten, die in den letzten 30 Jahren umgesetzt worden waren.

Diese Realität, die für die jüngere lateinamerikanische Geschichte sehr charakteristisch erscheint, unterscheidet sich grundlegend von der Art und Weise, wie politische Haltungen – und damit Unzufriedenheit – in anderen Teilen der Welt durchlebt werden.

Für einige Autorinnen und Autoren haben die gesellschaftlichen Ausbrüche, die mitunter dramatisch erscheinen, ungeachtet ihrer Verbreitung, ihres Ausmaßes und ihrer Häufigkeit nur einen begrenzten Einfluss auf das demokratische System. Nach Booth und Seligson (2009) etwa handelt es sich um so sporadische und begrenzte Episoden, dass sie nicht einmal annähernd geeignet seien, die Regime der betroffenen Länder zu schwächen oder zu destabilisieren. Sie stellen zwar deren Auftreten nicht infrage, wohl aber – zumindest teilweise – die Tragweite ihrer Folgen.

Angesichts der jüngsten Ereignisse wissen wir jedoch, dass diese Auffassung zumindest umstritten ist. Die Erfahrungen in Brasilien, Kolumbien und Chile (sowie etwa auch in den USA und Frankreich) legen nahe, dass Protestaktivitäten, die mit Unzufriedenheit einhergehen, unter bestimmten Bedingungen durchaus Konsequenzen haben können, die die Stabilität der Regime mittel- und langfristig beeinflussen.

Der Fall Chile ist vielleicht der augenfälligste unter den drei lateinamerikanischen Beispielen. Die Proteste von 2019, die sich durch ihre Größe und Gewaltbereitschaft auszeichneten, führten zu einem andauernden Verfassungsgebungsprozess, in dem die grundlegendsten Regeln des Zusammenlebens diskutiert wurden. Auch wenn verschiedene Studien zeigen, dass das Interesse an diesem Prozess deutlich nachgelassen hat, sind mittlerweile bereits vier Jahre verfassungsrechtlicher Debatte vergangen. Dieser Gegensatz ist besonders interessant. Wie in den USA und Europa haben sich auch in Chile bestimmte populistische Narrative durchgesetzt, die ihre Projekte auf die Unzufriedenheit und das Unbehagen breiter Bevölkerungsschichten stützen. Allerdings hat sich bereits gezeigt, dass diese Unzufriedenheit nicht zwangsläufig in einer Wahlentscheidung mündet. Wie einige Autorinnen und Autoren angemerkt haben (Navarrete & Tricot, 2021), zeigt die lateinamerikanische Realität, dass sich Unzufriedenheit häufig auf vielfältige Weise äußert und sich den herkömmlichen Wegen entzieht, über die sie kanalisiert werden soll. Daher ist es in diesen Kontexten besonders wichtig, über Wahlen hinauszugehen und die ihnen vorausgehenden Haltungen und Gefühle zu erklären und zu verstehen.

Zusammenfassend zeigen sowohl klassische als auch aktuelle Forschungsarbeiten zur Unzufriedenheit mindestens zwei Aspekte auf, die einen guten Ausgangspunkt für unsere Überlegungen bieten. Erstens bleibt das Phänomen nach wie vor ebenso relevant wie vor 50 Jahren. Weder Demokratie noch liberale Institutionen scheinen „unabdingbare Fakten" zu sein, was vor allem auf Projekte und Narrative zurückzuführen ist, die auf Entfremdung, Vernachlässigung, Wut und Ohnmacht eines Teils der Bürgerschaft basieren. Zweitens ist den methodischen und theoretischen Herausforderungen, die das Forschungsfeld mit sich bringt, besondere Aufmerksamkeit zu schenken. Im Folgenden widmen wir uns genau diesem Aspekt mit einem Vorschlag, der sich durch seine Spezifität auszeichnet, die Entwicklung des Untersuchungsgegenstands berücksichtigt und neue Erkenntnisse liefert, die es uns ermöglichen, den Umfang der bisher gewonnenen wichtigen Erkenntnisse noch weiter auszubauen. Soweit uns das gelingt, wird das Ziel dieses Buchs erreicht.

2.2 Das besondere Problem der politischen Entfremdung

2.2.1 Wie politische Entfremdung eingeordnet werden kann

In dem Bewusstsein, dass politische Unzufriedenheit als ein Phänomen wahrgenommen werden kann, das verschiedene Dimensionen umfasst und ein gewisses Maß an Spezifität erfordert, tritt Entfremdung als ein bedeutender Aspekt hervor.

Obwohl zahlreiche Studien Entfremdung als eigenständige Dimension des Unbehagens untersucht haben, wurde das Phänomen nicht immer klar definiert. Es wird angenommen, dass sie mit dem Prozess des Misstrauens gegenüber Institutionen und deren Führungspersonen zusammenhängt, was zu einer Entfremdung von der politischen Ordnung führt (Maldonado Hernández, 2013). Diese Sichtweise, die tief in den ursprünglichen Überlegungen von Giuseppe Di Palma verwurzelt ist (Di Palma, 1969, 1970), basiert auf der Annahme, dass Demokratie voraussetzt, dass sich die Bürgerinnen und Bürger in politische Prozesse sowie in die Arbeit ihrer Institutionen und Vertreter eingebunden fühlen. Nach dieser Logik sind Entfremdung – und die Variablen, mit denen sie gemessen wird – zu Indikatoren für den Zustand von Demokratien geworden, sowohl als Bestandteil bürgerschaftlicher Tugend als auch als grundlegendes Element von Rechenschaftspflicht.

Auch wenn dieses Buch nicht das Ziel verfolgt, einen Konsens über die Definition von Entfremdung zu erzielen, ist es notwendig, bestimmte Abgrenzungen vorzunehmen, um diese Dimension von anderen, ähnlich mit Unzufriedenheit verbundenen, zu unterscheiden. In diesem Sinne haben einige Autoren – insbesondere mit Blick auf neue Demokratien – eine Unterscheidung zwischen drei Aspekten getroffen: Legitimität, Unzufriedenheit (oder Missfallen) und Entfremdung (Montero et al., 1997, 2016). In diesem Zusammenhang liefert der Soziologe Claus Offe eine aufschlussreiche Perspektive, die uns hilft, die Unterschiede zwischen diesen Aspekten zu erkennen (Offe, 2006, S. 25):

> Wenn meine Interessen verletzt werden, bleibt ein Gefühl der Unzufriedenheit; wenn die für die politische Ordnung und deren tatsächliche Regierungspraktiken angeführten Gründe nicht durch eigenständige Einsicht gestützt und bestätigt werden, sprechen wir von Illegitimität, die als Mangel an stichhaltigen Gründen für das, was wir in der öffentlichen Politik und ihren Auswirkungen auf „uns" beobachten, erlebt wird; und wenn sich Menschen von einer politischen Ordnung oder Gemeinschaft distanzieren, die sie als fremd, langweilig, unverständlich, feindlich oder unerreichbar empfinden, können wir dies als Entfremdung bezeichnen.Entfremdung wäre demnach eng mit einem leidenschaftlicheren Element verbunden, einem Gefühl der Loslösung von einem System, das als unzugänglich und nicht auf die Bedürfnisse und Interessen der Bürgerinnen und Bürger eingehend wahrgenommen wird.

In diesem Zusammenhang und wie bereits erwähnt, scheint die Dimension des politischen Unbehagens vom jeweiligen politischen Objekt abzuhängen. So ließe sich argumentieren, dass Entfremdung die Beziehung zwischen Bürgerinnen und Bürgern und Institutionen betrifft. Es geht also nicht notwendigerweise um eine rationale Ablehnung des demokratischen Systems – ein Aspekt, der stärker mit Legitimität verbunden ist – noch um eine Bewertung der Leistung einer bestimmten Autorität – ein Aspekt, der eher mit Unzufriedenheit zusammenhängt –, sondern vielmehr um eine Distanzierung der Bürgerinnen und Bürger von den politischen Institutionen (Maldonado Hernández, 2013). Diese Idee ist entscheidend für das Verständnis des Phänomens des politischen Unbehagens in neuen Demokratien. Seit einigen Jahren scheinen viele Bürgerinnen und Bürger ihre Beziehung zum politischen Prozess, zu den Institutionen und zu den politischen Eliten, die regieren, neu zu definieren, was jedoch nicht zwangsläufig in eine Infragestellung der demokratischen Ordnung mündet (Torcal & Montero, 2006a).

Angesichts der Eigenschaften des Phänomens könnte man annehmen, dass Entfremdung – im Gegensatz zu Unzufriedenheit – als stabiler über einen Zeitraum hinweg betrachtet werden kann, ohne vollständig von den Veränderungen der von einer bestimmten Regierung umgesetzten Politik oder der Popularität einer bestimmten Autorität abhängig zu sein.

Wie wir sehen werden, stehen viele der in den vorangegangenen Abschnitten diskutierten Phänomene – wie das Wiederaufleben des Populismus, nationalistische Strömungen und antieuropäische Haltungen – eher mit Gefühlen in Verbindung, die mit Entfremdung assoziiert sind, als mit Unzufriedenheit oder Wahrnehmung von Legitimität. Auch wenn wir auf diese Idee später noch einmal zurückkommen, warnte Claus Offe bereits 2006, dass die politische Klasse als Reaktion auf diese Überzeugungen dazu neige, diese Kluft mit eher demagogischen Appellen an bestimmte kulturelle Werte und die damit verbundenen Emotionen – wie Empörung – zu überbrücken. In diesem Sinn erkannte er ein ihm vertrautes Muster: die Herausbildung von Politikerinnen und Politikern, die als „antipolitische Politiker“ agieren (Offe, 2006).

Wie bereits angedeutet, müssen die Begründungen und Konsequenzen dieser Prozesse jedoch im jeweiligen Kontext verstanden werden. Vielleicht wird gerade deshalb immer wieder hinterfragt, inwieweit diese Gefühle und Überzeugungen tatsächlich unerwünscht sind. Während sie mitunter mit einer mangelnden Bereitschaft zur Information oder mit geringer Beteiligung assoziiert werden (Montero et al., 1997; Torcal & Lago, 2006), argumentieren andere Autorinnen und Autoren, dass das Vorhandensein kritischer Bürgerinnen und Bürger für die Suche nach neuen Beziehungen und größerer Rechenschaftspflicht unerlässlich sei (Nye et al., 1997). Anders ausgedrückt – und auf die Gefahr hin, ein komplexeres Phänomen zu vereinfachen – könnte des so verstanden werden: Misstrauen oder Zynismus gegenüber der „politischen Klasse“ können einerseits als Syndrom betrachtet werden, unter dem zeitgenössische Demokratien schon seit einiger Zeit leiden, das aber, wenn es richtig gelenkt wird, diese sogar stärken und die Suche nach alternativen Formen der Mobilisierung und Repräsentation anstoßen kann. Andererseits weist derselbe Autor darauf hin, dass eine ungebremste politische Entfremdung Räume und Gelegenheiten schaffen kann, die von populistischen Projekten mit ihren entsprechenden illiberalen und antidemokratischen Narrativen ausgenutzt werden können.

Obwohl wir uns also entschieden haben, keine spezifische Definition von Entfremdung zu geben, haben wir doch einige Rahmenbedingungen aufgezeigt, die helfen, bestimmte Merkmale zu identifizieren – also überwiegend emotionale und stabile Gefühle und Überzeugungen, die zu einer Loslösung von Bürgerinnen und Bürgern und einem politischen System (mit seinen Institutionen und Autoritäten), das als nicht reaktionsfähig wahrgenommen wird, führen. Dieser Argumentation folgend schlagen einige Autorinnen und Autoren vor, dass das Phänomen mindestens zwei Aspekte umfasst, die potenziell unterschiedliche Folgen haben. Der eine bezieht sich auf mangelnde Beteiligung und allgemeines Misstrauen gegenüber der Politik (d. h. politische Distanzierung). Der andere ist mit einem Mangel an Gegenseitigkeit seitens des Systems verbunden (d. h. institutionelle Entfremdung). Beide beziehen sich auf unterschiedliche Dinge und würden daher auch unterschiedlich gemessen werden. Entsprechend wären auch ihre Begründungen und Konsequenzen spezifisch.

All diese Überlegungen tragen dazu bei, Untersuchungen des politischen Unbehagens zu präzisieren. Wenn wir mit „Unmut“ den Ärger, die Ohnmacht oder Frustration meinen, die bestimmte Menschen – an bestimmten Orten – empfinden, weil sie sich vom System im Stich gelassen fühlen, dann sprechen wir vermutlich nicht von Unzufriedenheit oder Illegitimität, sondern von Entfremdung. Das Verständnis dieser Unterschiede ist entscheidend. In Lateinamerika und in einigen neuen europäischen Demokratien hat sich gezeigt, dass unkonventionelle Formen politischer Partizipation keine Reaktion auf die von konventionellen Politikern erzeugte Unzufriedenheit darstellen, sondern das Ergebnis jahrzehntelanger Umbrüche sind, die frühere Generationen von Bürgerinnen und Bürgern erlebt haben. Das wäre Entfremdung (Torcal & Lago, 2006).

Im Folgenden werden wir konkrete Alternativen vorstellen, um die mit beiden Dimensionen der Entfremdung verbundenen Gefühle zu erfassen, also jene, die mit politischer Distanzierung und institutioneller Entfremdung zusammenhängen.

2.2.2 *Die persönliche Überzeugung von der eigenen Kompetenz*

Wie bereits dargelegt, kann Entfremdung als eine spezifische Dimension des politischen Unbehagens verstanden werden. In dieser Logik wäre Entfremdung mit bestimmten Gefühlen und Überzeugungen verbunden, die sich genauer erfassen und messen lassen.

Nach Ansicht von Torcal und Montero wären sowohl politisches Interesse als auch Vertrauen beispielsweise zwei politische Einstellungen, die mit dem spezifischen Phänomen der Entfremdung in Zusammenhang stehen. Ersteres hilft, das von den Autoren als politische Distanzierung bezeichnete Phänomen zu erfassen, letzteres das, was sie als institutionelle Entfremdung bezeichnen (Torcal & Montero, 2006b).

Es wird jedoch auch vorgeschlagen, dass weitere Einstellungen diese Analyse ergänzen könnten. Insbesondere wird häufig empfohlen, politische Wirksamkeit heranzuziehen, um andere Arten von Gefühlen zu erfassen, die ebenso strukturell wie leidenschaftlich sind.

Politische Wirksamkeit ist eine Haltung, die seit 1952 vom Center for Political Studies (CPS) der University of Michigan gemessen wird. Die Definition des Konzepts wird häufig Campbell, Gurin und Miller zugeschrieben. In ihrem wegweisenden Werk „The voter decides" definieren die Autoren politische Wirksamkeit als „das Gefühl, dass individuelles politisches Handeln einen Einfluss auf den politischen Prozess hat oder haben kann, d. h. dass es sich lohnt, seine staatsbürgerlichen Pflichten zu erfüllen" (Campbell et al., 1954, S. 187). Die von ihnen vorgeschlagene Formel zur Erfassung dieser „Gefühle" war konkret. Sie schlugen eine Reihe von fünf Aussagen vor, die einen Indikator für die Haltung bilden würden. Die Befragten sollten angeben, inwieweit sie den folgenden Aussagen zustimmen oder nicht zustimmen:

1. Ich glaube nicht, dass sich Amtsträger besonders dafür interessieren, was Leute wie ich denken.
2. Die Art und Weise, wie die Menschen wählen, ist das wichtigste Kriterium dafür, wie die Dinge in diesem Land geregelt werden.
3. Wählen ist der einzige Weg, wie Leute wie ich Einfluss darauf nehmen können, wie die Regierung die Dinge regelt.
4. Leute wie ich haben keinen Einfluss darauf, was die Regierung tut.
5. Manchmal erscheinen Politik und Regierung so kompliziert, dass jemand wie ich gar nicht wirklich verstehen kann, was vor sich geht.

Anhand der Antworten auf diese Fragen identifizieren die Autoren diejenigen, die ein höheres Maß an Wirksamkeit oder alternativ ein stärkeres Gefühl politischer Ohnmacht empfinden. Eine der ersten Analysen, die sie präsentieren, bezieht sich auf die positive Wechselwirkung zwischen politischer Wirksamkeit und Partizipation, die ihrer Ansicht nach „eindrucksvoll" belegt ist. Auch aus einer deskriptiven Perspektive berichten Campbell et al. über Unterschiede in der politischen Wirksamkeit je nach soziodemografischen Merkmalen. Sowohl Bildung als auch soziodemografischer Status (einschließlich Beruf und Einkommen) stehen in engem Zusammenhang mit der untersuchten politischen Haltung, ebenso wie Geschlecht und ethnische Zugehörigkeit.

Die Schlussfolgerungen ihrer ersten Analysen werden wie folgt zusammengefasst (Campbell et al., 1954, S. 194):

> Zusammenfassend lässt sich sagen, dass Bürgerinnen und Bürger, die das Gefühl haben, dass Amtspersonen auf die Wählerschaft reagieren und ihr gegenüber verantwortlich sind, die glauben, dass individuelles politisches Engagement sinnvoll ist und Einfluss auf die öffentliche Politik haben kann, und die sehen, dass die Zugangswege der einzelnen Bürgerin und des einzelnen Bürgers zu den Entscheidungsträgerinnen und -trägern der Regierung nicht auf die Wahlurne beschränkt sind, mit deutlich höherer Wahrscheinlichkeit politisch aktiv sind als jene, die sich vom politischen Prozess weitgehend überfordert fühlen.Bis zu diesem Punkt wurde Wirksamkeit als eindimensionale Einstellung behandelt, die dazu diente, das Gefühl zu erfassen, dass politisches Handeln „sich lohnt". Doch nur wenige Jahre nach den grundlegenden Studien von Campbell et al. griffen Forschende das Konzept auf, allerdings mit zusätzlichen Spezifizierungen. Für Converse (1972) beispielsweise stellte politische Wirksamkeit keine monolithische Haltung dar. Daher war es notwendig, zumindest zwei eng verwandte, aber unterschiedliche Aspekte zu unterscheiden. Den einen nannte er „persönliches Gefühl politischer Kompetenz", den anderen „Vertrauen in die Reaktionsfähigkeit des Systems". Ähnliches schlug Lane vor, der meinte, das damals neue Konzept der politischen Wirksamkeit habe eindeutig zwei Komponenten, „das Bild von sich selbst und das Bild der demokratischen Regierung" (Lane, 1959).

Diese Unterscheidung ist bis heute weitgehend erhalten geblieben.

Die Arbeit von Converse war grundlegend für die spätere Entwicklung der Disziplin. Nur wenige Jahre später griff Balch (1974) diesen Vorschlag auf und prägte die klassischen Begriffe der internen und externen politischen Wirksamkeit.

Mit interner politischer Wirksamkeit bezieht sich der Autor ausdrücklich auf jene individuellen Empfindungen politischer Selbstkompetenz, wie sie bereits von Converse beschrieben wurden und die er theoretisch mit individueller Ego-Stärke in Verbindung bringt. Der Spielraum dieser politischen Haltung war erheblich.

Almond und Verba (1989) charakterisierten in ihrem ursprünglich 1963 veröffentlichten Werk jene Gruppe von Bürgerinnen und Bürgern – also die Teilnehmenden –, von denen angenommen wurde, dass sie aufmerksam und über das politische System als Ganzes, sowohl in seinen politischen als auch in seinen staatlichen Aspekten, informiert sind. Bei der Untersuchung der unterschiedlichen politischen Kulturen in bestimmten Gebieten beschrieben die Autoren einen Typus von Bürgerinnen und Bürgern, der an sich selbst als „fähigen" Akteur zur Teilnahme glaubt, im Gegensatz zu anderen, die diese Überzeugung nicht teilen. Sie nannten ihn den „selbstbewussten Bürger". In den Worten der Autoren (Almond & Verba, 1989, S. 207):

> Der selbstbewusste Bürger scheint der demokratische Bürger zu sein. Er glaubt nicht nur, dass er teilnehmen kann, sondern auch, dass andere teilnehmen sollten. Darüber hinaus denkt er nicht nur, dass er sich politisch einbringen kann: Er ist wahrscheinlich auch aktiver. Und vielleicht am bedeutsamsten: Der selbstbewusste Bürger ist auch eher ein zufriedenerer und loyalerer Bürger.Der Vorschlag, das Konzept der politischen Wirksamkeit zu dekonstruieren, ermöglicht einen etwas präziseren Vergleich dieser Ideen.

Für Balch (1974) lässt sich interne Wirksamkeit als die Überzeugung eines Individuums definieren, dass ihm Einflussmöglichkeiten zur Verfügung stehen. Nachfolgende Forschungsarbeiten verstehen darunter auch das Gefühl der eigenen Kompetenz, öffentliche Angelegenheiten zu verstehen und daran teilzunehmen (Craig et al., 1990; Craig & Maggiotto, 1982; Miller et al., 1980). Interessant ist dabei, dass es sich um eine Haltung handelt, die ein persönliches Empfinden misst und nicht notwendigerweise einen objektiven Parameter politischen Wissens. Gerade bei der Untersuchung politischer Unzufriedenheit ist dies besonders relevant, da so individuelle Erwartungen in die Analyse einbezogen werden können, die in unterschiedlichem Maß Auslöser für Frustration und Ressentiments sein könnten.

Die Methoden zur Messung dieses Selbstkompetenzgefühls haben sich im Lauf der Zeit verändert. Auch heute gibt es spezifische Ansätze und einige Ungenauigkeiten. Morrell (2003) bietet eine detaillierte Darstellung der Entwicklung des Konzepts seit seiner Entstehung. Seiner Nachzeichnung zufolge markiert die Pilotstudie der National Electoral Survey (NES) von 1987 vielleicht einen der interessantesten Meilensteine, in der eine Reihe neuer Items getestet wurden, die das zuvor beschriebene Gefühl erfassen sollten.[1]

Nach dieser Testphase und unter Berücksichtigung der endgültigen Items, die in die NES-Version von 1988 aufgenommen wurden, kommen Niemi et al. (1991) zu dem Schluss, dass eine angemessene Messung der internen Wirksamkeit die folgenden vier neuen Items berücksichtigen könnte:

1. Ich halte mich für gut qualifiziert, um an der Politik teilzunehmen (SELFQUAL).
2. Ich habe das Gefühl, die wichtigsten politischen Themen, mit denen unser Land konfrontiert ist, ziemlich gut zu verstehen (UNDERSTAND).
3. Ich habe das Gefühl, dass ich ein öffentliches Amt genauso gut ausüben könnte wie die meisten anderen (PUBOFF).
4. Ich denke, dass ich über Politik und Regierung besser informiert bin als die meisten Menschen (INFORMED).

[1] Folgende Items wurden berücksichtigt: (1) Ich halte mich für gut qualifiziert, um an der Politik teilzunehmen; (2) ich habe das Gefühl, die wichtigsten politischen Themen, mit denen unser Land konfrontiert ist, ziemlich gut zu verstehen; (3) andere Menschen scheinen es leichter zu haben, komplizierte Themen zu verstehen als ich; (4) ich habe das Gefühl, dass ich ein öffentliches Amt genauso gut ausüben könnte wie die meisten anderen; (5) ich bin mir oft nicht sicher, wenn ich mit anderen über Politik und Regierung spreche; (6) ich denke, dass ich über Politik und Regierung genauso gut informiert bin wie die meisten Menschen.

Trotz dieses Ansatzes haben spätere Studien (Valentino et al., 2009) auch das Item verwendet, das zu den ursprünglichen Fragen gehörte:

1. Manchmal erscheinen Politik und Regierung so kompliziert, dass jemand wie ich gar nicht wirklich verstehen kann, was vor sich geht (COMPLEX).

Mit mehr oder weniger Ähnlichkeiten und angepasst an die jeweiligen Messkontexte sind all diese Fragen tatsächlich bis heute ein Grundpfeiler der Forschung. Das bedeutet jedoch nicht, dass es nicht auch weniger konventionelle Vorschläge gibt.

So verwenden einige Autoren und Autorinnen einfach den Begriff Wirksamkeit, um dieses individuelle Kompetenzgefühl zu bezeichnen (Chan et al., 2016; Diehl et al., 2016; Stoycheff et al., 2016; Zhang et al., 2010). Andere wiederum nutzen für ähnliche Sachverhalte eine andere Konzeptualisierung, etwa Selbstwirksamkeit (Chen et al., 2019).

Wahrscheinlich aufgrund des Mangels an speziell zur Messung dieser Haltung konzipierten Umfragen – ein Problem, das Autoren wie Finkel (1987) hervorgehoben haben – besteht ein wiederkehrendes Problem darin, dass zur Erfassung dieser Überzeugungen oft nur ein einziges Item (das zudem zwischen den Studien variiert) verwendet wird.

Wie wir bereits erkennen können, ist die interne Wirksamkeit zu einer vielgenutzten Variable in verschiedenen Disziplinen geworden und spielt eine zentrale Rolle bei der Messung bürgerschaftlicher Werte. Bis heute wurden zahlreiche Beiträge zu diesem Thema geleistet. Zunächst wiesen einige Autorinnen und Autoren darauf hin, dass soziodemografische Faktoren – wie Bildungsniveau und ethnische Zugehörigkeit – mit der Entwicklung dieser Haltung zusammenhängen (Abramson, 1983; Acock & Clarke, 1990). Valentino et al. (2009) etwa schlagen vor, dass interne Wirksamkeit die Partizipation unter anderem dadurch fördert, dass sie Ärger begünstigt. Finkel (1985; 1987) hob Jahre zuvor etwas damals Neues hervor. Seinen Ergebnissen zufolge ist der Zusammenhang zwischen interner Wirksamkeit und politischer Partizipation eher reziprok. Es handelt sich nicht nur um eine Haltung, die verschiedene Formen der Partizipation begründet und beeinflusst, sondern diese Partizipationsformen stärken auch das individuelle Kompetenzgefühl der Bürger. Besonders betont der Autor den Effekt der Teilnahme an Wahlkampagnen, die das Niveau der internen Wirksamkeit erhöhen können. Hansen und Tue Pedersen (2014) berichten ähnliches und unterstreichen die demokratische Funktion von Wahlkampfaktivitäten. Aus der Analyse der dänischen Parlamentswahlkämpfe 2011 leiten sie ab, dass der Kontakt mit Wahlkampfaktivitäten Bürger nicht nur interessierter und informierter, sondern auch wirksamer macht.

Im Hinblick auf die Nutzung sozialer Medien legen Forschende beispielsweise nahe, dass politische Partizipation sich vor allem auf jene konzentriert, die sich bereits in Bezug auf ihr politisches Wissen sicher fühlen. All diese und viele weitere Beiträge haben unser Verständnis dafür geschärft, dass es bestimmte Empfindungen und Haltungen verdienen, mit theoretischer und methodischer Strenge konkret untersucht zu werden.

2.2.3 *Die persönliche Überzeugung von der Reaktionsfähigkeit des Systems*

Wie bereits angedeutet, ist seit Lanes frühen Arbeiten in den späten 1950er-Jahren bekannt, dass das individuelle Kompetenzempfinden nur eine der Dimensionen des Konzepts der politischen Wirksamkeit darstellt. Wenn diese Dimension auf das Individuum bezogen ist, gibt es auch eine Dimension, die sich auf das Äußere, auf die demokratische Regierung, bezieht. Dies bezeichnete Converse (1972) als „Vertrauen in die Reaktionsfähigkeit des Systems“ und Balch (1974) als externe Wirksamkeit.

Auch andere Autorinnen und Autoren betonen, dass die externe Wirksamkeit mit der Wahrnehmung verbunden ist, dass das System und seine Institutionen auf die Forderungen der Bürgerinnen und Bürger reagieren (Craig et al., 1990). Der Fokus verlagert sich also von der Frage, wie kompetent sich der Bürger und die Bürgerin fühlt, hin zu der Frage, wie durchlässig das System ist.

Ebenso wie bei der internen Wirksamkeit wurde auch das Empfinden der Systemreaktionsfähigkeit auf unterschiedliche Weise gemessen. In diesem Zusammenhang waren Studien, die durch die National Election Study (NES) angeregt wurden, entscheidend, um eine geeignete Methode zur Schätzung dieser Haltung zu identifizieren. Laut Niemi et al. (1991) – unter Verwendung der NES-Version von 1988 – kann ein geeigneter Faktor für externe Wirksamkeit mithilfe der folgenden Items gebildet werden[2]:

1. Leute wie ich haben keinen Einfluss darauf, was die Regierung tut (NOSAY).
2. Ich glaube nicht, dass Amtspersonen sich besonders dafür interessieren, was Leute wie ich denken (NOCARE).

Zu diesen beiden ursprünglich in den vier Items des Center for Political Studies (CPS) der University of Michigan enthaltenen Fragen, die auch in Balchs Originalarbeit (1974) berücksichtigt waren – fügten die Autoren zwei weitere Fragen zur Reaktionsfähigkeit hinzu:

3. Wie sehr glauben Sie, dass Wahlen dazu führen, dass die Regierung auf die Meinung der Bevölkerung achtet (ELECRESP)?
4. Wie viel Aufmerksamkeit, glauben Sie, schenkt die Regierung im Lauf der Jahre der Meinung der Bevölkerung, wenn sie entscheidet, was zu tun ist (GOVRESP)?

Einige Autorinnen und Autoren berichten, dass der Indikator für externe Wirksamkeit im Allgemeinen weniger stabil ist als der für interne Wirksamkeit (Acock &

[2]Andere Autoren schlagen einen anderen Ansatz vor. So unterscheidet Shingles (1981) zwischen externer Wirksamkeit in Bezug auf Amtspersonen und externer Wirksamkeit in Bezug auf das Regime. Dieser Ansatz wurde in der Pilotversion der NES von 1987 getestet. Craig et al. (1990) weisen darauf hin, dass der Unterschied zwischen beiden, falls vorhanden, eher subtil ist.

Clarke, 1990). Ein umstrittener Aspekt bei der Messung externer Wirksamkeit ist die Abgrenzung dieser Haltung von Misstrauen gegenüber Institutionen (Shingles, 1981). Craig und Maggiotto (1982) hoben diese Nuance hervor. Sie argumentierten, dass Bürgerinnen und Bürger einem demokratischen System, das auf ihre Forderungen reagiert, eher vertrauen, was darauf hindeutet, dass externe Wirksamkeit und Vertrauen intrinsisch miteinander verbunden sein könnten. Craig et al. (1990) hingegen argumentieren, dass externe Wirksamkeit von politischem Vertrauen zu unterscheiden ist. Sie schlagen vor, Wirksamkeit anhand der Fairness politischer Verfahren und Ergebnisse zu messen, nicht daran, wie Eliten auf die Forderungen der Bürger reagieren.

Diese Frage ist von großer Bedeutung wirkt sich bis heute auf Messentscheidungen aus. So würde laut Niemi et al. (1991) die folgende Aussage zur Konstruktion eines Vertrauensfaktors dienen:

> Glauben Sie, dass die Menschen in der Regierung viel von dem Geld verschwenden, das wir an Steuern zahlen, einen Teil davon verschwenden oder nur wenig davon verschwenden?Andere Forschende wie Hansen und Tue Pedersen (2014), die sich auf klassische Definitionen externer Wirksamkeit stützen, schlagen hingegen vor, dass folgende Aussage geeignet ist, um die Systemreaktionsfähigkeit zu erfassen:

> Die Politiker verschwenden viel Steuergeld.In diesem Zusammenhang erscheint es umso wichtiger, die besonderen Umstände der jeweiligen Forschung zu berücksichtigen. In manchen Fällen kann die Unterscheidung zwischen den beiden Einstellungen besondere Nuancen annehmen.

Trotz der Bedeutung des Konzepts hat das Interesse an der Erklärung und dem Verständnis externer Wirksamkeit jedoch nicht das Ausmaß erreicht, das die interne Wirksamkeit erfahren hat. In vielen Kontexten – insbesondere bei der Analyse digitaler Demokratie – wurde die externe Wirksamkeit weniger erforscht.

Dies könnte zum Teil an den Schwierigkeiten liegen, das Empfinden der Systemreaktionsfähigkeit korrekt zu messen. Historisch wurde es mit Misstrauensvariablen assoziiert und in den letzten Jahren mit Variablen, die sich mit „populistische Haltungen" zusammenhängen. Dennoch hat sowohl die klassische als auch die neuere Literatur deutlich gemacht, dass es sich um unterschiedliche Phänomene handelt, die jeweils eigene Erklärungen und potenzielle Konsequenzen haben (Craig et al., 1990; Geurkink et al., 2019).

Ungeachtet dessen ist die externe Wirksamkeit zu einer wertvollen Variable bei der Untersuchung von politischem Zynismus und elitenkritischem Verhaltensweisen geworden (Craig, 1980), da sie das Fehlen von Wechselseitigkeit in Systemen präzise erfasst.

2.2.4 Zurück zu den Klassikern: Die Gamson-Hypothese

Wie bereits erörtert, gilt seit mehreren Jahrzehnten, dass Variablen im Zusammenhang mit politischer Wirksamkeit zu den relevantesten Faktoren für die

Bestimmung des Gesundheitszustands demokratischer Systeme zählen (Craig et al., 1990; Niemi et al., 1991).

In einer klassischen Arbeit von William A. Gamson vertrat der Forscher die Ansicht, dass eine „Kombination aus hohem politischen Wirksamkeitsempfinden und geringem politischen Vertrauen die optimale Kombination für Mobilisierung ist – der Glaube, dass Einfluss sowohl möglich als auch notwendig ist" (Gamson, 1968, S. 48). Diese Idee, als Gamson-Hypothese bekannt, wurde in verschiedenen Kontexten wiederholt überprüft. Auch in jüngerer Zeit wurde versucht, diese These in ihren ursprünglichen Begriffen, also unter Verwendung von Wirksamkeit und Vertrauen, zu untersuchen. Es ist jedoch offensichtlich, dass die von Gamson ursprünglich vorgeschlagene Idee Herausforderungen birgt, nicht nur im Hinblick auf das Verständnis von Wirksamkeit als eindimensionales Konzept, verbunden mit der Vorstellung von möglichem und notwendigem Einfluss, sondern auch hinsichtlich der Unschärfe des Vertrauensbegriffs, der unterschiedlich interpretiert werden kann. Im Lauf der Zeit kam es daher zu einer Neuinterpretation der ursprünglichen Gamson-Hypothese, um bestimmte, dem ursprünglichen Geist des Vorschlags innewohnende Konzepte zu präzisieren. In diesem Zusammenhang argumentiert Craig (1980), dass es, statt über Wirksamkeit und Vertrauen zu debattieren, bedeutsamer sei, die Diskrepanz zu untersuchen, die möglicherweise zwischen Personen mit hoher interner und niedriger externer Wirksamkeit bestehen, das heißt zwischen Bürgerinnen und Bürgern, die sich selbst als kompetent für politische Teilhabe wahrnehmen – unabhängig davon, ob sie es tatsächlich sind oder nicht –, aber glauben, dass das politische System undurchlässig ist und die Interessen der Bürger ignoriert. Laut Craig wäre dieses Szenario optimal, um nach alternativen Partizipationsmechanismen zu suchen.

Dieser Neuinterpretationsvorschlag wurde in verschiedenen Kontexten getestet, darunter auch in Chile, unserem Fallbeispiel. Nach Torcal und Montero (2006b) ergibt die neu interpretierte Gamson-Hypothese (verstanden als Diskrepanz zwischen interner und externer Wirksamkeit) in Chile – anders als in anderen neuen Demokratien – tatsächlich Sinn und wirkt sich negativ auf die Bereitschaft zur Teilnahme an konventionellen Mechanismen aus. Die Ergebnisse der Autoren lassen jedoch keinen positiven Zusammenhang zwischen der Diskrepanz und unkonventioneller Partizipation vermuten.

Ungeachtet dessen bleibt die Rückbesinnung auf Gamsons Ideen interessant, da sie die Möglichkeit eröffnet, beispielsweise politische Frustration zu untersuchen. Hier gewinnt das Konzept des Entwicklungsverlaufs („trajectory") an Bedeutung, da eine über einen längeren Zeitraum anhaltende Diskrepanz eine anhaltende politische Frustration widerspiegeln könnte. Wir bezeichnen die Anhäufung solcher Gefühle als politischen Groll. Diese Perspektive ist besonders überzeugend, da sie sich von einer Sichtweise auf Frustration und Groll löst, die mit absoluter Entbehrung verbunden sind. Mit anderen Worten: Es sind nicht nur materielle Defizite, die diese negativen Gefühle erklären würden, sondern auch Erwartungen und Selbstwahrnehmungen.

Unserer Ansicht können sich mithilfe der klassischen politischen Wirksamkeitskonzepte (intern und extern) verschiedene Phänomene in neuen wie auch in etablierten Demokratien erklären lassen. Es wird viel über unterschiedliche Emotionen gesprochen, aber es werden nicht immer konzeptionelle und methodische Rahmen zu ihrer Einschätzung bereitgestellt.

2.3 Digitale Plattformen und ihre demokratische Rolle

2.3.1 Das Aufkommen des Internets: Erste Einblicke in seine demokratische Wirkung

Obwohl politische Wirksamkeit seit Langem als zentrale Einstellung zur Bestimmung des Gesundheitszustands von Demokratien gilt, ist es heute kaum mehr möglich, sie ohne Berücksichtigung des digitalen Raums zu betrachten. Die Chancen und Risiken, die die längst nicht mehr neuen digitalen Instrumente bieten, sind weithin akzeptiert. Während Regierungen bedeutende Fortschritte in Richtung Modernisierung und Digitalisierung machen – für Chile siehe beispielsweise OECD (2020) – sind uns die als besonders relevant erachteten Risiken unserer Zeit wohlbekannt. So identifiziert ein aktueller Bericht von Reporter ohne Grenzen Desinformation als das größte Risiko für zeitgenössische Demokratien. Jüngst wird angesichts der Fortschritte in der künstlichen Intelligenz von einer aufkommenden „Industrie der Simulakren" gesprochen. Diese Phänomene stehen im Zusammenhang mit unseren bisherigen Überlegungen. Als Reaktion auf das Gefühl der Ohnmacht der Bürgerinnen und Bürger im globalen politischen Kontext wird angenommen, dass das Internet das Entstehen und die Ausbreitung populistischer Bewegungen begünstigen könnte, die darauf abzielen, die „Macht dem Volk zurückzugeben" (Boulianne et al., 2020).

Allerdings bestehen bereits seit mehreren Jahrzehnten Bedenken hinsichtlich der zivilgesellschaftlichen Folgen der „elektronischen Revolution", wie Robert Putnam. Putnam etwa nutzte die Telekommunikationsbranche als Beispiel zur Illustration seiner Argumente. Trotz der Versprechen, physische Barrieren zu überwinden und das Verständnis von „Nachbarschaft" neu zu denken, zeigte sich in der Realität, dass das Telefon lediglich jene Bindungen verstärkte, die außerhalb der Nutzung dieser Technologie entstanden waren. „Man findet keine neuen Freunde am Telefon", so der Autor. Die Dichotomie und die Wahrnehmungen in Bezug auf das Internet werden treffend von ihm so zusammengefasst (Putnam, 2000, S. 170):

> Eine zentrale Frage ist natürlich, ob „virtuelles Sozialkapital" nicht ein Widerspruch in sich ist. Darauf gibt es keine einfache Antwort. Die frühen, zutiefst fehlerhaften Vermutungen über die sozialen Implikationen des Telefons mahnen uns, dass auch unsere eigenen, ebenso frühen Vermutungen über das Internet wahrscheinlich ähnlich fehlerhaft sind. Nur sehr wenige Dinge lassen sich bislang mit Gewissheit über den Zusammenhang zwischen Sozialkapital und Internettechnologie sagen. Eine Binsenweisheit ist jedoch diese: Der Zeitpunkt der Internetexplosion macht es unmöglich, sie ursächlich mit dem

> Zerfall sozialer Verbundenheit in Verbindung zu bringen, wie er in den vorangegangenen Kapiteln beschrieben wurde. Wählen, spenden, vertrauen, sich treffen, besuchen und so weiter – all das begann bereits zurückzugehen, als Bill Gates noch zur Schule ging. Als das Internet 1996 10 % der erwachsenen US-Bevölkerung erreichte, war der landesweite Rückgang sozialer Verbundenheit und zivilgesellschaftlichen Engagements bereits seit mindestens einem Vierteljahrhundert im Gange. Was auch immer die zukünftigen Auswirkungen des Internets sein mögen: Der gesellschaftliche Austausch in den letzten Jahrzehnten des 20. Jahrhunderts wurde nicht einfach vom physischen Raum in den Cyberspace verlagert. Das Internet mag Teil der Lösung unseres zivilgesellschaftlichen Problems sein oder es verschärfen, aber die Cyberrevolution war nicht die Ursache. Für Putnam war die Frage also nicht bloß ein Streit zwischen optimistischen oder pessimistischen Sichtweisen, sondern vielmehr der Versuch, über utopische oder klagebasierte Perspektiven hinauszugehen. Die Herausforderungen, vor denen Demokratien stehen, ließen sich nicht durch den Fortschritt technologischer Werkzeuge erklären, sondern durch tieferliegende Faktoren. Das bedeutet jedoch nicht, dass wir die Rolle digitaler Instrumente bei der Verschärfung oder Abschwächung dieser grundlegenden Probleme nicht untersuchen sollten.

Vor diesem Hintergrund haben zahlreiche Autorinnen und Autoren das Phänomen der „digitalen Kluft“ untersucht, die die Unterschiede zwischen jenen beschreibt, die von neuen Technologien profitieren, und jenen, die nicht profitieren (Wilson et al., 2003). Im Kern führt der ungleiche Zugang zu digitalen Instrumenten dazu, dass der Informationsfluss in höheren sozioökonomischen Schichten deutlich stärker wächst als in niedrigeren. Doch es geht nicht nur um materielle Ressourcen. Verschiedene Faktoren tragen zu diesen Unterschieden bei, darunter Familienstruktur, Generationenzugehörigkeit, Beeinträchtigungen, ethnische Zugehörigkeit und natürlich der geografische Standort (Bonfadelli, 2002; Di Maggio et al., 2004; Friemel, 2014; Graham et al., 2018).

Heute hat sich das Bild gewandelt. Digitale Instrumente sind weit verbreitet, und auch wenn es noch Länder mit geringer Internetdurchdringung gibt, haben viele Regionen die anfänglichen Herausforderungen des materiellen Zugangs überwunden. Doch die breite Nutzung digitaler Geräte bedeutet nicht zwangsläufig, dass die digitale Kluft überwunden ist. Wie einige Autorinnen und Autoren betonen, garantiert die bloße Verfügbarkeit von Informationen nicht deren effektive Nutzung (Scheufele & Nisbet, 2002). Die Untersuchung der digitalen Kluft geht daher über die „erste Ebene“ des Zugangs hinaus und umfasst auch die Art der Nutzung, die Kompetenzen der Nutzerinnen und Nutzer sowie deren Einstellungen gegenüber Technologie. Wiederum zeigt sich, dass viele soziodemografische Faktoren mit der Nutzung von Plattformen zusammenhängen; einige davon ermöglichen die Erweiterung des individuellen Kapitals – in unterschiedlichster Form –, andere hingegen nicht (Bonfadelli, 2002; Hargittai & Hinnant, 2008; van Deursen & van Dijk, 2014).

Bereits vor über zwanzig Jahren hat Norris (2001) die facettenreiche Natur der „digitalen Kluft“ präzise herausgearbeitet. Im Kern beschreibt diese Kluft die unterschiedlichen Zugangs- und Nutzungsmöglichkeiten, die Individuen im Umgang mit digitalen Technologien haben. Norris unterschied dabei drei zentrale Dimensionen:

- **Die globale Kluft:** Sie bezieht sich auf die starken Unterschiede beim Internetzugang zwischen Industrieländern und Entwicklungsländern. Während erstere über Hochgeschwindigkeitsbreitbandanschlüsse als Standard verfügen, kämpfen letztere möglicherweise noch mit wesentlichen Verbindungsproblemen.
- **Die soziale Kluft**: Auch innerhalb eines Landes können erhebliche Unterschiede beim digitalen Zugang bestehen. Diese interne Spaltung wird häufig von sozioökonomischen Faktoren bestimmt, wobei Wohlhabende einen besseren Zugang und eine höhere digitale Kompetenz aufweisen als wirtschaftlich Benachteiligte.
- **Die demokratische Kluft**: Über den bloßen Zugang hinaus geht es hier um die Frage, wie Menschen ihre digitalen Ressourcen nutzen. Sind sie passive Konsumenten oder aktive Teilnehmer am öffentlichen Leben? Norris betont die Unterscheidung zwischen jenen, die digitale Instrumente für zivilgesellschaftliches Engagement einsetzen, und jenen, die am Rand bleiben.

Aufbauend auf der grundlegender Arbeit von Norris identifizierten Forschende eine Vielzahl soziodemografischer Faktoren, die die digitale Kluft beeinflussen. Diese reichen von Bildung und Alter über Geschlecht bis hin zum allgemeinen sozioökonomischen Status (Best & Krueger, 2005; Gibson, 2009; Min, 2010). Jüngere Studien legen nahe, dass neben diesen offensichtlichen Faktoren auch tiefere psychologische und kognitive Aspekte eine Rolle spielen. So können etwa das eigene Wirksamkeitsempfinden, also die Überzeugung, etwas bewirken zu können, oder die Haltung zum digitalen Datenschutz das Online-Verhalten beeinflussen (Chan et al., 2018; Hoffmann & Lutz, 2019).

Eine weitere Differenzierung ergibt sich aus der Art des Internetzugangs. Eine in Chile durchgeführte Studie zeigte einen Unterschied je nach verwendetem Endgerät. Personen, die das Internet über Mobiltelefone nutzten – überwiegend aus weniger wohlhabenden Schichten –, waren vor allem mit Freizeitaktivitäten im Netz beschäftigt. Dagegen suchten Nutzerinnen und Nutzer, die von zu Hause oder vom Arbeitsplatz aus online gingen – meist aus wohlhabenderen Schichten –, gezielt nach informativen oder politischen Inhalten (Fierro et al., 2020).

Gerade die digitale Kluft, insbesondere die „demokratische Kluft“, hat eine lebhafte wissenschaftliche Debatte über die Rolle des Internets in Demokratien ausgelöst. Einige vertreten eine eher optimistische „Mobilisierungsthese“, wonach der digitale Raum eine einzigartige Chance bietet, traditionell marginalisierte Gruppen zu erreichen (Carrara, 2012; Hirzalla et al., 2011). Sie argumentieren, dass das Internet das Potenzial besitzt, das zivilgesellschaftliche Interesse selbst bei politisch Desinteressierten oder wirtschaftlich Benachteiligten zu wecken (Espinal & Zhao, 2015; Morris & Morris, 2013).

Demgegenüber steht eine Gegenposition. Einige Forschende warnen vor einer allzu optimistischen Sicht und vertreten die „Verstärkungsthese“. Diese Perspektive warnt davor, dass das Internet lediglich die Stimme der ohnehin schon Engagierten stärken könnte, während die Marginalisierten weiter zurückbleiben. Anstatt eine demokratisierende Kraft zu sein, läuft das Internet ihrer Meinung nach

Gefahr, nur zu einem weiteren Instrument der bereits Mächtigen zu werden und bestehende gesellschaftliche Ungleichheiten zu verschärfen (Kneuer & Datts, 2020; Schlozman et al., 2010).

2.3.2 *Politische Wirksamkeit und digitale Plattformen*

Im Bereich der politischen Kommunikation untersuchen Wissenschaftlerinnen und Wissenschaftler häufig die Haltungen, Gefühle und Überzeugungen der Bürgerinnen und Bürger. So zeigt beispielsweise eine Studie von Hansen und Tue Pedersen (2014), dass Wahlkampfaktionen nicht nur mit einem Anstieg von Vertrauen, Wissen und Interesse einhergehen, sondern auch das Gefühl der eigenen Kompetenz und die Wahrnehmung der Systemreaktionsfähigkeit stärken. Im Kern argumentieren die Autoren, dass Wahlkampagnen nicht nur Wahlentscheidungen und -richtungen beeinflussen, sondern auch die Gesundheit unseres demokratischen Systems stärken.

Diese Studie unterstreicht den tiefgreifenden Einfluss, den kommunikative Handlungen auf die Prägung von Haltungen haben können, die üblicherweise über die Zeit hinweg stabil sind. Vor diesem Hintergrund ist es wenig überraschend, dass politische Wirksamkeit bei der Bewertung der demokratischen Rolle digitaler Werkzeuge häufig als zentrales Thema in den Fokus rückt. Schließlich sind diese Wirksamkeitsgefühle eng mit sowohl offline als auch online stattfindender Partizipation verbunden (Oser et al., 2022). In einer umfassenden Sichtung von 193 Fachbeiträgen (von denen die meisten die Thematik nur streiften) postulieren Boulianne et al. (2023) die Existenz eines positiven Kreislaufs. Dieser Kreislauf verbindet beide Formen politischer Wirksamkeit mit der politischen Online-Partizipation. Die Autorinnen und Autoren weisen darauf hin, dass Informationen, die aus dem Internet gewonnen werden, das Gefühl, gut informiert zu sein, fördern, was wiederum zu einer stärkeren Online-Beteiligung führt. Sie warnen jedoch auch, dass sich diese Dynamik je nach Kontext verändern kann.

Die von diesen Autorinnen und Autoren vertretene Perspektive ist aufschlussreich, insbesondere da sie die global verbreiteten Ohnmachtsgefühle vieler Menschen beleuchtet. Die Thematik gewinnt jedoch zusätzlich an Komplexität, wenn die Herausforderungen berücksichtigt werden, die in derartigen Forschungsarbeiten häufig auftreten. Über die bereits eingeräumte Schwierigkeit bei der Messung politischer Wirksamkeit hinaus – wobei die Autorinnen und Autoren selbst auf inkonsistente Herangehensweisen bei der Formulierung von Fragen für verschiedene Variablen hinweisen – mahnen Studien zur „digitalen Kluft" zur Vorsicht, da nicht alle Formen der Partizipation auf gleiche Weise erzeugt werden. Die Nutzung von Netzwerken zu Unterhaltungszwecken führt zu ganz anderen Ergebnissen als die Nutzung von Netzwerken zur Informationsbeschaffung oder für gesellschaftliches Engagement. Wir untersuchten dieses spezielle Problematik in einer Studie zur Ermittlung der unterschiedlichen Effekte von Partizipation auf die interne und externe politische Wirksamkeit. Die Daten dieser Untersuchung bestätigten, dass tatsächlich ein deutlicher Unterschied zwischen zivilgesellschaftlicher und nicht zivilgesellschaftlicher Nutzung besteht (letzteres bezieht sich auf die Nutzung zur Unterhaltung oder die zivilgesellschaftliche Nutzung). Während zivilgesellschaftliche Nutzung mit einer größeren Neigung korrelierte, sich kompetent zu fühlen und von der Reziprozität des politischen Systems überzeugt zu sein, fanden wir keine signifikanten Ergebnisse für die Nutzung zu sozialen oder Unterhaltungszwecken (Fierro et al., 2023).

In diesem Zusammenhang ist der Einfluss von Informationsnutzung auf solche Haltungen gut dokumentiert. In einer wegweisenden Arbeit zeigten Wagner et al. (2017), dass der digitale Informationskonsum nicht nur zu höheren Werten externer Wirksamkeit führt, sondern dass dies auch vom jeweiligen institutionellen Kontext abhängt. Im Kern glauben Bürgerinnen und Bürger, die ihre Informationen von digitalen Plattformen beziehen, eher daran, dass das System auf sie reagiert. Diese Korrelation verstärkt sich in demokratischeren Kontexten. Solche Befunde stehen im Einklang mit unserer früheren Feststellung: Bei der Untersuchung politischer Haltungen ist es unerlässlich, diese zu kontextualisieren.

Zurückkommend auf die Kernfrage erscheint es daher die Annahme fraglich, dass digitale Instrumente – unabhängig von ihrer konkreten Nutzung – einen positiven Einfluss auf politische Wirksamkeit und damit auf politische Entfremdung haben. Bemühungen, diese Zusammenhänge zu verstehen, erfordern somit ein höheres Maß an Spezifizität, sowohl theoretisch als auch methodisch, sowie eine breitere Kontextualisierung.

2.3.3 Das Konzept der politischen Wirksamkeit im Internet

Aus Studien zu digitalen Medien und politischer Wirksamkeit entstand die Idee, dass Bürgerinnen und Bürger sich durch das Internet den Behörden und Institutionen näher fühlen könnten. Diese Nähe könnte die Interaktionen verbessern und damit auch die Rechenschaftsprozesse stärken (Kenski & Stroud, 2006). Wie bereits erwähnt, ist die Erforschung des Zusammenhangs zwischen Internet und politischer Wirksamkeit jedoch mit verschiedenen Herausforderungen konfrontiert. Die am häufigsten genannte Schwierigkeit betrifft die Einigung darüber, wie Fragen zu politischen Haltungen gestellt und bewertet werden sollen. Wie einige Autorinnen und Autoren anmerken, gibt es noch ein weiteres Problem: die mangelnde Berücksichtigung des spezifischen Kontexts des digitalen Raums. Während manche Forschende behaupten, die Effekte politischer Wirksamkeit seien online und offline gleich (Oser et al., 2022), betonen andere die Notwendigkeit, politische Wirksamkeit in beiden Bereichen getrennt zu untersuchen. Im Wesentlichen schlagen sie vor, dass bei der Beurteilung der Wirksamkeit die Antworten unterschiedlich ausfallen können, je nachdem, ob die Befragten bei ihren Antworten digitale Tools berücksichtigen (Sasaki, 2016).

Vor diesem Hintergrund wurde im vergangenen Jahrzehnt ein speziell auf die Online-Welt zugeschnittener Wirksamkeitsindikator eingeführt, der als „politische

Wirksamkeit im Internet“ bezeichnet wird. Die zugrundeliegende These ist einfach: Wenn im Fragebogen die Formulierung „durch die Nutzung des Internets“ verwendet wird, sollten aus den Antworten die Online-Politikpartizipation genauer vorhergesagt werden können.

Daher hat das World Internet Project einen Fragenkatalog aufgenommen, der gezielt diese neue Dimension erfasst. Konkret wird eine fünfstufige Likert-Skala für die folgenden vier Aussagen verwendet:

1. Durch die Nutzung des Internets können Menschen wie Sie mehr politischen Einfluss ausüben.
2. Durch die Nutzung des Internets können Menschen wie Sie mehr Einfluss darauf nehmen, was die Regierung tut.
3. Durch die Nutzung des Internets können Menschen wie Sie Politik besser verstehen.
4. Durch die Nutzung des Internets werden Amtspersonen mehr darauf achten, was Menschen wie ich denken.

Obwohl wir dieses Thema später noch ausführlicher behandeln werden, ist es wichtig zu betonen, dass diese Aussagen nicht unbedingt darauf abzielen, zwischen den traditionellen Konzepten interner und externer Wirksamkeit zu unterscheiden. Vielmehr sollen sie das Gefühl erfassen, dass politisches Handeln im digitalen Umfeld sinnvoll ist, und orientieren sich damit stärker an einem umfassenderen Begriff allgemeiner Wirksamkeit. Obwohl dies keine allgemein geteilte Ansicht ist,[3] scheint das zentrale und unterscheidende Element dieser Aussagen die Nutzung des Internets zu sein.

Sasaki (2016) zeigt, dass diese Aussagen einen neuen und konsistenten Index ergeben, sowohl intern als auch extern, der sowohl theoretisch als auch empirisch begründet werden kann.

Bislang wurde vorgeschlagen, dass dieses neue Wirksamkeitsmaß eine bedeutende Rolle bei der Vermittlung des Zusammenhangs zwischen der Nutzung sozialer Medien und der politischen Online-Partizipation spielt (Chen et al., 2019). Zudem wurde gezeigt, dass andere Überzeugungen – wie die Glaubwürdigkeit der Presse, Toleranz gegenüber Pressefreiheit und das Vertrauen in Online-Informationen – positiv mit dem Niveau der Online-Wirksamkeit korrelieren (Martin et al., 2018).

Darüber hinaus hat dieser neue Wirksamkeitsindikator eine neue Perspektive auf die Rolle des Internets bei der Integration von gesellschaftlichen Gruppen eröffnet, die üblicherweise von öffentlichen Belangen ausgeschlossen sind. Sasaki (2017) zeigt, dass in bildungsfernen Schichten die Nutzung digitaler Instrumente stärker mit höheren Online-Wirksamkeitswerten korreliert als in Gruppen mit höherer Bildung. Ebenso haben Fierro et al. (2023) gezeigt, dass Personen, die in politisch peripheren Regionen leben – also geografisch weit entfernt von politi-

[3] Für eine ausführlichere Diskussion zu diesem Punkt sei auf die grundlegenden Studien von Sasaki (2016; 2017) verwiesen.

schen Entscheidungszentren –, eher das Gefühl haben, dass das System durch das Internet zugänglicher und aufnahmebereiter wird.

Letzteren Aspekt werden wir im Rahmen der Ergebnispräsentation noch vertiefen; er steht in gewisser Weise exemplarisch für eines der zentralen Themen dieser Arbeit. Bislang lässt sich festhalten, dass Ohnmachtsgefühle und Entfremdung vom politischen System entscheidend für das Verständnis aktueller demokratischer Herausforderungen sind, insbesondere des Aufstiegs populistischer, Anti-Establishment- und nationalistischer (bzw. antieuropäischer) Strömungen. Wir haben zudem vorgeschlagen, dass politische Wirksamkeit Aufschluss über diese Gefühle der Vernachlässigung geben kann. Die in diesem Abschnitt vorgebrachten Argumente sind eng mit der Rolle des Internets in diesen Zusammenhängen verknüpft.

2.4 Territorium und politisches Engagement

2.4.1 Politisches Engagement und Raum: Erste Überlegungen

In den letzten Jahren ist ein Anstieg politischer Entfremdung zu beobachten, der sich durch Gefühle der Ohnmacht und Wut im politischen Raum äußert. Diese Unzufriedenheit ist jedoch nicht ausschließlich auf individuelle soziodemografische Faktoren zurückzuführen. Die Politikwissenschaft legt nahe, dass Phänomene wie Korruption, politische Skandale und die Leistungsfähigkeit von Institutionen Einfluss auf die Entstehung enttäuschter Erwartungen nehmen. In Kontexten, die durch zentralisierte Machtstrukturen gekennzeichnet sind, wie sie im Fokus unserer Studie stehen, lassen sich viele Elemente dieser Unzufriedenheit aus einer territorialen Perspektive erklären.

Bereits vor über fünf Jahrzehnten führten Lipset und Rokkan (1967) das Konzept der gesellschaftlichen Konfliktlinien („cleavages") ein, um Faktoren zu entschlüsseln, die die Entstehung und Stabilisierung von Parteiensystemen in etablierten Demokratien beeinflussen. Ein zentrales Element dieses Ansatzes ist die Zentrum-Peripherie-Konfliktlinie, die die kulturellen, religiösen, wirtschaftlichen und historischen Unterschiede zwischen den zentralen Kräften, die Nationen formen, und ihren provinziellen Gegenbewegungen hervorhebt. Diese Konfliktlinie betont die Ungleichheiten zwischen jenen, die sich im Zentrum gesellschaftlicher, politischer und wirtschaftlicher Macht befinden, und jenen an den Rändern. Nachfolgende wissenschaftliche Arbeiten haben dieses Thema weiter vertieft, insbesondere im Kontext interregionaler Beziehungen und Theorien der internationalen Beziehungen (Cardoso & Faletto, 1976; Wallerstein, 1974).

Bei der Untersuchung von politischer Beteiligung und Engagement verlagerte sich der Fokus jedoch häufig von der Zentrum-Peripherie-Konfliktlinie hin zur Stadt-Land-Differenz und zur Bedeutung der Gebietsgröße (Andrews et al., 2019;

McDonnell, 2020; Rodrigues & Meza, 2018; Saglie & Vabo, 2009). Die Frage nach der optimalen Größe territorialer Einheiten, meist anhand der Bevölkerungszahl interpretiert, beschäftigt die Wissenschaft bereits seit den Anfängen der Demokratie. Mit dem weltweiten Urbanisierungsschub in der Mitte des 20. Jahrhunderts wurden erste Warnungen laut, dass Größe, Vielfalt und Dichte von Gebieten die zwischenmenschlichen und psychologischen Bindungen der Bürgerinnen und Bürger schwächen könnten (Wirth, 1938). In diesem Zusammenhang schlug Dahl (1967) vor, dass kleinere Regionen eine stärkere zivilgesellschaftliche Beteiligung an politischen Entscheidungen fördern könnten. Seiner Ansicht nach wird mit wachsender territorialer Einheit die Verwaltung schwieriger, wodurch das Gemeinschaftsgefühl der Bürgerinnen und Bürger schwindet und Gefühle der Entfremdung und Wirkungslosigkeit entstehen. Dahl behauptete jedoch auch, dass in sehr kleinen Einheiten der Einfluss der Bürgerinnen und Bürger unbedeutend werden kann, was die Beteiligung wiederum hemmen könnte (Dahl, 1967; Dahl & Tufte, 1973). Die Thematik ist komplex, da einige Studien eine höhere lokale politische Beteiligung in kleineren Gebieten feststellen, dies sich jedoch nicht zwangsläufig auf die nationale Ebene überträgt (Nie et al., 1969). Fischer (1975) führt weiter aus, dass die Größe der Verwaltungseinheit die Beteiligung auf unterschiedliche Weise beeinflussen kann. Größere Regionen könnten zwar ein stärkeres Gefühl politischer Ohnmacht hervorrufen, gleichzeitig aber auch eine größere Mobilisierung bei nationalen Themen bewirken (Fischer, 1975). Da größere Gebiete tendenziell effizienter arbeiten, wird in der Literatur darauf hingewiesen, dass die Vorteile kleinerer Einheiten oft überbetont werden, was auf die romantisierte Vorstellung zurückzuführen ist, dass „klein schön ist" (Newton, 1982). Während die Debatte weiterhin kontrovers geführt wird, stützen Befunde von Oliver (Oliver, 2000) Dahls frühe Sichtweise: In größeren amerikanischen Städten ist die Bereitschaft zu bürgerschaftlichem Engagement, etwa durch Kontaktaufnahme mit Behörden oder Teilnahme an Kommunalwahlen, geringer. Jüngste Studien aus Portugal bestätigen diese Tendenz und zeigen, dass Prozesse territorialer Integration die Wahlbeteiligung negativ beeinflussten (Rodrigues & Meza, 2018).

2.4.2 Die Funktion des Territoriums bei bürgerschaftlicher Beteiligung

Unbestritten spielt das Territorium eine zentrale Rolle in der Analyse von Mustern bürgerschaftlicher Beteiligung, sei es in traditioneller oder digitaler Form. In den letzten Jahren, insbesondere vor dem Hintergrund wachsender Unzufriedenheit und dem Aufstieg populistischer Narrative in Europa und Nordamerika, sind bedeutende Beiträge zur „Geografie der Unzufriedenheit" entstanden. In diesem Zusammenhang gelten räumliche Aspekte als essenziell für das Verständnis dieses Phänomens. Anti-Establishment-Stimmungen entstehen vor allem in den „Orten, die nicht zählen" (Rodríguez-Pose, 2016) oder bei den „Menschen und Orten, die zurückgelassen wurden“ (Becker et al., 2017; Goodwin & Heath, 2016). Diese Stimmungen entstehen nicht zwangsläufig in armen oder wohlhabenden Regionen, sondern vielmehr in Gebieten, die einst prosperierten und nun mit dem Gefühl des Abgehängtseins ringen (Rodríguez-Pose, 2020). Vor diesem Hintergrund rückt das Territorium ins Zentrum der Analyse, wenn es um die Ursachen solcher Unzufriedenheit geht – insbesondere in Entwicklungsländern mit rasanter Urbanisierung wie Chile.

Diese Perspektive, die in aktuellen Debatten fest verankert ist, nicht zuletzt durch bedeutende Beiträge der Geografie, war auch in der Politikwissenschaft ein wiederkehrendes Thema. Klassische Werke wie das von Almond und Verba (1989) legten einen besonderen Fokus auf territoriale Niveaus, wenn es um das wahrgenommene Kompetenzgefühl von Individuen bei politischer Beteiligung ging. Die Autoren betonten, dass die wahrgenommene Zugänglichkeit und Reaktionsfähigkeit lokaler und nationaler Institutionen unterschiedlich ausfällt und bei der Analyse politischer Kultur hervorgehoben werden sollte (Almond & Verba, 1989, S. 145):

> Fasst man diese drei Tatsachen zusammen – lokale und nationale Kompetenz stehen in Beziehung, lokale Kompetenz ist weiter verbreitet als nationale sowie lokale Kompetenz hängt mit der institutionellen Verfügbarkeit von Beteiligungsmöglichkeiten auf lokaler Ebene zusammen –, so ergibt sich ein Argument zugunsten der klassischen Position, dass politische Partizipation auf lokaler Ebene eine zentrale Rolle bei der Entwicklung einer kompetenten Bürgerschaft spielt. Wie viele Autoren argumentiert haben, kann die Kommunalverwaltung als Trainingsfeld für politische Kompetenz dienen. Wo lokale Verwaltungen Beteiligung ermöglichen, kann ein Kompetenzgefühl entstehen, das sich dann auf die nationale Ebene ausweitet – ein Gefühl, das sich schwerer entwickelt hätte, wenn die einzige Berührung mit dem Staat über die ferneren und weniger zugänglichen Strukturen der nationalen Regierung erfolgt wäre. Diese These geht über unsere Daten zu nationaler und lokaler Kompetenz hinaus. In einem späteren Kapitel werden wir jedoch Daten präsentieren, die darauf hindeuten, dass der Glaube des Einzelnen an seine Fähigkeit, die Regierung zu beeinflussen, zumindest teilweise aus Möglichkeiten resultiert, innerhalb kleinerer Autoritätsstrukturen wie Familie, Schule und Arbeitsplatz Einfluss zu nehmen.

2.4.3 Zurück zu den Klassikern: Die Politik des Ressentiments und ihre territorialen Wurzeln

Bereits vor über einem Jahrzehnt begann die Forschung, sich wieder verstärkt auf kontextuelle Faktoren zu konzentrieren, die den Aufstieg von Anti-Establishment-Narrativen erklären könnten. Die Arbeiten von Katherine J. Cramer sind für das Verständnis dieser Dynamiken zentral geworden (Cramer, 2012, 2016). Am Beispiel Wisconsins (USA) untersuchte Cramer den Einfluss von „Gruppenbewusstsein“ auf politische Präferenzen, die mitunter zu Wahlentscheidungen führen, die den eigenen Interessen zu widersprechen scheinen. Ihre Analyse des lokalen Kontexts legt nahe, dass Menschen in bestimmten Regionen eine klassen- und ortsbezogene Identität besitzen, die mit einem Gefühl der Benachteiligung verknüpft ist.

Im Kern sind es also nicht nur individuelle Faktoren, die Menschen zu bestimmten Präferenzen bewegen, sondern auch ein antielitäres Empfinden, das tief im jeweiligen Territorium verwurzelt ist. Dieses „ländliche Bewusstsein" speist sich aus dem Gefühl, dass städtische politische Eliten ländliche Bewohnerinnen und Bewohner und deren Lebensweise missachten und geringschätzen. Dieser Gedanke ist zentral, da die erfahrene Marginalisierung einer bestimmten Gruppe zugeschrieben wird (in diesem Fall den städtischen Eliten, die die Macht innehaben). Ländliche Bewohnerinnen und Bewohner beklagen häufig, dass Entscheidungen in den Städten von Gruppen getroffen werden, die ihre Interessen nicht teilen, und diese Entscheidungen dann lediglich kommuniziert werden. Dieses Bewusstsein führt daher zu einer Neigung, den Einflussbereich einer als „landfeindlich" wahrgenommenen Regierung einzuschränken – selbst wenn dies den besonderen Interessen der Bevölkerung zuwiderläuft.

Was ist also ländliches Bewusstsein? Laut Cramer (2012) umfasst das Konzept mehrere Merkmale. Es bezieht sich beispielsweise nicht nur auf die Verteilung von Ressourcen, sondern auch auf die Verteilung politischer Macht. Es ist verankert in der Wahrnehmung einer Verteilungsungerechtigkeit gegenüber einer fleißigen Gruppe – den marginalisierten ländlichen Sektoren. Dies ist auch deshalb bedeutsam, weil, wie Cramer betont, daraus ein Gefühl von Gruppenselbstwert entsteht, das im Kontrast zu einem Gefühl relativer Benachteiligung steht.

In diesem Sinn und Cramers Ansatz folgend, ist das Konzept eng mit politischen Einstellungen verbunden, die üblicherweise mit Entfremdung assoziiert werden. Laut Cramer beinhaltet ländliches Bewusstsein ein Gefühl geringer externer Wirksamkeit, also die Überzeugung, dass das politische System nicht auf die Interessen der Landbevölkerung reagiert. Dies ist besonders interessant, da die Autorin diese Gefühle von Vernachlässigung und Abgehängtsein mit dem klassischen Konzept der Systemresponsivität verknüpft.

Cramers Erkenntnissen folgend zeigt sich, dass die Neigung, antielitäre Narrative zu übernehmen, nicht allein auf individuelle Faktoren zurückzuführen ist, sondern maßgeblich vom jeweiligen Lebenskontext geprägt wird. Diese Bedingungen formen Gefühle, Haltungen und letztlich Präferenzen.

Jüngere Forschungen legen jedoch nahe, dass der Aufstieg des Antielitismus und sein Zusammenhang mit dem territorialen Kontext über die Stadt-Land-Kluft hinausgehen. So wurde in Norwegen, aufbauend auf den Arbeiten von Lipset und Rokkan (1967), der Einfluss der Zentrum-Peripherie-Konfliktlinie auf das politische Vertrauen untersucht – eine weitere Variable, die häufig mit Entfremdung in Verbindung gebracht wird. Mithilfe eines Mehrebenenmodells mit über 20.000 Fällen kamen die Forscher zu dem Schluss, dass die periphere regionale Lage, etwa gemessen an der Entfernung zum politischen Zentrum, einen größeren Einfluss auf das politische Vertrauen hat als die Stadt-Land-Kluft (Stein et al., 2021).

Auch Ziblatt et al. (2023) greifen die Zentrum-Peripherie-Konfliktlinie auf, um den Aufstieg der radikalen Rechten in Deutschland zu erklären. Sie argumentieren, dass die vermeintlich ländliche Basis dieser Bewegungen tatsächlich auf ein anderes Phänomen zurückzuführen ist: auf Gemeinden, die historisch in Zentrum-Peripherie-Konflikten, die moderne Nationalstaaten prägten, an der Peripherie lagen. Ihr innovativer Ansatz verzichtet auf eine dichotome Unterscheidung zwischen Zentrum und Peripherie. Stattdessen nutzen sie klassische Literatur zu nichtstandardisierten Dialekten in verschiedenen Regionen, um periphere Gebiete anhand der Verbreitung einer „Sprachenvielfalt" zu identifizieren, gestützt auf mehr als 725.000 geokodierte Antworten einer Sprachumfrage in Deutschland. Letztlich zeigen die Autoren, dass historisch periphere Gemeinden heute mit größerer Wahrscheinlichkeit die radikale Rechte wählen.

Die Beispiele aus Norwegen und Deutschland, aber auch andere, gehen über die traditionelle Stadt-Land-Unterscheidung hinaus und zeigen dennoch ähnliche Muster. Das Gefühl des Abgehängtseins wird nicht nur durch individuelle Faktoren beeinflusst, sondern auch durch die spezifischen Kontexte, in denen Bürgerinnen und Bürger leben. In manchen Regionen, auch wenn sie nicht unbedingt arm sind, fühlen sich die Menschen stärker ausgeschlossen, was zu ausgeprägteren antielitären Haltungen und „Fremdenfeindlichkeit" führt. Diese Gefühle erhöhen die Wahrscheinlichkeit, Parteien zu unterstützen, die sich gegen die Elite richten, wie etwa populistische oder radikal rechte Bewegungen. Dieses Argument liegt sowohl den Zentrum-Peripherie-Studien als auch jenen zur Stadt-Land-Kluft zugrunde.

2.4.4 Geografie der Unzufriedenheit: Politische, historische, geografische und wirtschaftliche Zusammenhänge

Das Phänomen der kontextuellen Determinanten von politischem Groll und Unzufriedenheit wurde ebenfalls aus verschiedenen Perspektiven und von verschiedenen Disziplinen untersucht. Angesichts des Aufstiegs von Donald Trump und des wachsenden Euroskeptizismus – einschließlich des Brexits – haben Autorinnen und Autoren argumentiert, dass Prozesse der Deindustrialisierung und der jüngste wirtschaftliche Niedergang zu „Orten, die nicht zählen" geführt haben, deren Bewohner Gefühle der Machtlosigkeit, Wut und Frustration anhäufen, die sich häufig an der Wahlurne manifestieren (Goodwin & Heath, 2016; Rodrigues & Meza, 2018).

Das Argument geht über individuelle Faktoren wie Geschlecht, Alter, sozioökonomischen Status und persönliches Einkommen hinaus, wenn es darum geht, die Neigung zur Unterstützung antisystemischer Narrative zu erklären. Um aktuelle Phänomene vollständig zu verstehen, wird in der Literatur betont, dass es entscheidend sei, die historischen, geografischen, institutionellen, wirtschaftlichen und politischen Kontexte der Lebensorte der Bürgerinnen und Bürger zu berücksichtigen. Diese Elemente prägen gemeinsam Identitäten, Präferenzen und sogar die Gefühlsstruktur des Einzelnen (McQuarrie, 2017).

In diesem Zusammenhang haben verschiedene Autorinnen und Autoren das Konzept der „Geografie der Unzufriedenheit" eingeführt (Los et al., 2017; Dijkstra et al., 2020), das maßgeblich zum Verständnis des Aufstiegs nationalistischer, euroskeptischer und rechtspopulistischer Bewegungen in Europa beigetragen hat. So wurde beispielsweise argumentiert, dass die historischen und sozioökonomischen Unterschiede zwischen dem Süden und dem Norden von Italien wesentlich zur Erklärung der Ergebnisse der Senatswahlen 2018 und des Aufstiegs verschiedener populistischer Narrative beigetragen haben, die zudem mit der klassischen Stadt-Land-Kluft und weiteren lokalen Besonderheiten zusammenhängen (Faggian et al., 2021). Im Vereinigten Königreich betonen verschiedene Wissenschaftlerinnen und Wissenschaftler, dass territoriale Bedingungen entscheidend dafür waren, beim Brexit-Referendum 2016 für den Austritt zu stimmen (Los et al., 2017; Alabrese et al., 2019). Dies ist im Kontext einer territorialen Polarisierung zu sehen, die die britische Politik neu formt (Jennings & Stoker, 2019), beeinflusst nicht nur durch wirtschaftliche Überlegungen, sondern auch durch kulturelle Faktoren wie Diversität, Klassenstrukturen, Kosmopolitismus und Lokalismus (Gordon, 2018; Jennings et al., 2016). Für Österreich, insbesondere in der Hauptstadt Wien, wurde gezeigt, dass Nachbarschaftsmerkmale eine bedeutende Rolle für den Erfolg des Rechtspopulismus spielten. Autorinnen und Autoren argumentieren, dass die sozioökonomischen Bedingungen der Nachbarschaften für das Verständnis dieser Phänomene wichtiger sind als individuelle sozioökonomische Faktoren (Essletzbichler & Forcher, 2022). Dieser Ansatz hilft zu verstehen, wie bestimmte Orte, geprägt durch ihre eigene Geschichte und wirtschaftliche Entwicklung, zu einem Nährboden für politischen Groll und Unzufriedenheit werden. Die „Geografie der Unzufriedenheit" betont, dass nicht nur persönliche Umstände, sondern auch umfassendere räumliche und kontextuelle Faktoren die Unterstützung dieser Bewegungen antreiben.

Diese Perspektive lädt unter anderem dazu ein, die Auswirkungen wirtschaftlicher Realitäten auf das Entstehen antisystemischer Projekte und insbesondere nationalistischer und populistischer Narrative neu zu bewerten. Auf individueller Ebene wird häufig angenommen, dass diese Anti-Establishment-Haltungen nicht direkt mit sozioökonomischen Faktoren zusammenhängen, doch ändert sich dies bei einer räumlichen Betrachtung, insbesondere im Hinblick auf die Entwicklung bestimmter Orte. In diesem Zusammenhang gewinnt die These von Rodriguez-Pose et al. (2024) besondere Relevanz. Die Autoren argumentieren, dass es Regionen gibt, die Fortschritte machen, während andere, selbst wenn sie ein gewisses Entwicklungsniveau erreicht haben, in einer „regionalen Entwicklungssackgasse" verharren. Konkret beschreiben sie Regionen, die in Bezug auf verschiedene Indikatoren wie Beschäftigung und Wachstum stagnieren oder sogar rückläufig sind. Dies steht im Einklang mit unseren bisherigen Ausführungen: Längere Verweildauern in solchen Sackgassen führen dazu, dass die Bewohnerinnen und Bewohner Unzufriedenheit und Unruhe empfinden, was sich schließlich in ihren Wahlentscheidungen niederschlägt.

Obwohl bereits gut belegt ist, dass wirtschaftlicher Niedergang, Deindustrialisierung und demografischer Rückgang (neben anderen Faktoren) zu antisystemischen Narrativen führen können (McCann, 2020; Rodríguez-Pose et al., 2021; Dijkstra et al., 2020), bieten die Autoren eine ganzheitlichere Perspektive, die verschiedene Faktoren integriert. Ihre Ergebnisse sind besonders überzeugend, da sie über bloße Verwundbarkeit oder Benachteiligung hinausgehen. Selbst in relativ entwickelten Regionen (Mittel- oder Hochlohngebiete) zeigt sich eine größere Neigung, für euroskeptische Narrative zu stimmen, wenn diese Gebiete von Stagnation oder Niedergang betroffen sind. Diese Neigung verstärkt sich, je länger die Phase der Stagnation andauert.

Bis zu diesem Punkt lässt sich dies als komplexer Prozess verstehen, der mit verschiedenen Phänomenen verflochten ist. Es geht nicht nur um Verletzlichkeit oder die Stadt-Land-Kluft, vielmehr scheinen die Ursachen mit vielfältigen Faktoren zu interagieren. Beispielsweise haben einige Autorinnen und Autoren auf die potenziellen Auswirkungen bestimmter europäischer Maßnahmen im Zusammenhang mit der grünen Transformation hingewiesen. Laut Rodriguez-Pose et al. (2023) wirken sich die geförderten Maßnahmen auf verschiedene Regionen Europas auf unterschiedliche Weise aus, wobei weniger entwickelte und ländliche Gebiete in Süd- und Osteuropa stärker von Veränderungen betroffen sind als andere.

Obwohl sich ein Großteil der Literatur auf Europa konzentriert, wurden diese Erkenntnisse auch auf andere entwickelte Länder wie die USA übertragen. McQuerry (2017) etwa vermutet, dass der Aufstieg von Donald Trump durch eine Entkopplung zwischen den nationalen Parteien und den regionalen Erfahrungen von Niedergang erklärt werden kann. Rodriguez-Pose et al. (2021) hingegen vertreten die Auffassung, dass Gebiete mit wirtschaftlichem und demografischem Niedergang besonders anfällig für populistische Narrative sind. In der Bewertung dieser populistischen Narrative berücksichtigen sie nicht nur die Stimmen für Trump im Jahr 2016, sondern auch die Differenz zwischen der Unterstützung für Trump und jener für Mitt Romney vier Jahre zuvor. Anhand von County-Daten kommen sie zu dem Schluss, dass der Effekt von wirtschaftlichem und demografischem Niedergang in Regionen mit höherem sozialem Kapital noch ausgeprägter ist.

2.4.5 *Abschließende Bemerkungen*

Wie ersichtlich wurde, sind dies nur einige der bedeutenden Fortschritte, die in den letzten Jahre in Bezug auf die territorialen und kontextuellen Faktoren erzielt wurden, um die Unzufriedenheit und das Gefühl des Abgehängtseins – oder die Politik des Ressentiments – zu erklären. Empirisch konzentrieren sich Studien jedoch häufig vor allem auf die behaviorale Komponente politischer Partizipation. Die Literatur identifiziert meist geeignete sozioökonomische oder demografische Faktoren, um das Wahlverhalten der Bürgerinnen und Bürger zu erklären. Dabei wird häufig das Vorhandensein bestimmter Haltungen vorausgesetzt, die in der Regel mit Frustration und Wut einhergehen, die aus dem „Abgehängtsein" resultieren. Diese Problematik bleibt in der Literatur bestehen, insbesondere in Studien zur Geografie der Unzufriedenheit. Für Becker et al. (2017) ist der Erfolg des Brexits genau auf diese Empfindungen und Einstellungen zurückzuführen. Nach Ansicht der Autoren bot diese Abstimmung den Ausgegrenzten die Möglichkeit, „ihre

Wut" gegenüber einer ineffizienten Elite zum Ausdruck zu bringen. Auch andere Wissenschaftlerinnen und Wissenschaftler erkennen die Notwendigkeit, die zugrundeliegenden Faktoren zu untersuchen, die das Wahlverhalten erklären könnten, das – wie bereits erwähnt – häufig mit Gefühlen der Machtlosigkeit und der Verlassenheit verbunden ist, wie sie von Cramer (2012; 2016), Fitzgerald (2011) und anderen diskutiert werden.

Die Herausforderung besteht daher darin, von der „Geografie des Wählens" zu einer spezifischeren „Geografie der Unzufriedenheit" überzugehen und die kontextuellen Faktoren zu verstehen, die die für das demokratische Zusammenleben schädlichen Gefühle erklären können. Damit wird nicht nur die Literatur zur Geografie der Unzufriedenheit um stärker haltungsbezogene Aspekte erweitert, sondern es eröffnen sich auch neue Perspektiven hinsichtlich der potenziellen Rolle digitaler Plattformen bei der Integration dieser abgehängten Regionen.

Literatur

Abramson, P. (1983). *Political attitudes in America: Formation and change*. W.H: Freeman & Co Ltd.

Acock, A. C., & Clarke, H. D. (1990). Alternative measures of political efficacy: Models and means. *Quality and Quantity, 24*(1), 87–105. https://doi.org/10.1007/BF00221386

Alabrese, E., Becker, S. O., Fetzer, T., & Novy, D. (2019). Who voted for Brexit? Individual and regional data combined. *European Journal of Political Economy, 56*, 132–150. https://doi.org/10.1016/j.ejpoleco.2018.08.002

Almond, G. A., & Verba, S. (1989). *The civic culture. Political attitudes and democracy in five nations*. Sage.

Andrews, R., Entwistle, T., & Guarneros-Meza, V. (2019). Local government size and political efficacy: Do citizen panels make a difference? *International Journal of Public Administration, 42*(8), 664–676. https://doi.org/10.1080/01900692.2018.1499774

Balch, G. I. (1974). Multiple indicators in survey research: The concept „Sense of Political Efficacy". *Political Methodology,1*(2), 1–43. http://www.jstor.org/stable/25791375

Becker, S. O., Fetzer, T., & Novy, D. (2017). Who voted for Brexit? A comprehensive district-level analysis. *Economic Policy, 32*(92), 601–650. https://doi.org/10.1093/epolic/eix012

Best, S. J., & Krueger, B. S. (2005). Analyzing the representativeness of Internet political participation. *Political Behavior, 27*(2), 183–216. https://doi.org/10.1007/s11109-005-3242-y

Bonfadelli, H. (2002). The internet and knowledge gap: A theoretical and empirical investigation. *European Journal of Communication, 17*(1), 65–84.

Booth, J. A., & Seligson, M. A. (2009). *The legitimacy puzzle in Latin America: Political support and democracy in eight nations*. Cambridge University Press.

Boulianne, S., Koc-Michalska, K., & Bimber, B. (2020). Right-wing populism, social media and echo chambers in Western democracies. *New Media & Society, 22*(4), 683–699. https://doi.org/10.1177/1461444819893983

Boulianne, S., Oser, J., & Hoffmann, C. P. (2023). Powerless in the digital age? A systematic review and meta-analysis of political efficacy and digital media use. *New Media & Society, 14614448231176520*. https://doi.org/10.1177/14614448231176519

Campbell, A., Gurin, G., & Miller, W. E. (1954). *The voter decides*. Row, Peterson & Co.

Cardoso, F., & Faletto, E. (1976). *Dependencia y desarrollo en Am é rica Latina*. Siglo XXI Editores.

Carrara, S. (2012). Towards e-ECIs? European participation by online pan-European mobilization. *Perspectives on European Politics and Society, 13*(3), 352–369. https://doi.org/10.1080/15705854.2012.702578

Chan, M., Chen, H.-T., & Lee, F. L. F. (2016). Examining the roles of mobile and social media in political participation: A cross-national analysis of three Asian societies using a communication mediation approach. *New Media & Society, 19*(12), 2003–2021. https://doi.org/10.1177/1461444816653190

Chan, M., Chen, H.-T., & Lee, F. L. F. (2018). Examining the roles of political social network and internal efficacy on social media news engagement: A comparative study of six Asian countries. *The International Journal of Press/Politics, 24*(2), 127–145. https://doi.org/10.1177/1940161218814480

Chen, C., Bai, Y., & Wang, R. (2019). Online political efficacy and political participation: A mediation analysis based on the evidence from Taiwan. *New Media & Society, 21*(8), 1667–1696. https://doi.org/10.1177/1461444819828718

Coverse, P. E. (1972). Change in the American electorate. In A. Campbell & P. E. Converse (Hrsg.), *The human meaning of social change.* Russell Sage Foundation.

Craig, S. C., & Maggiotto, M. A. (1982). Measuring political efficacy. *Political Methodology,8*(3), 85–109. http://www.jstor.org/stable/25791157. Zugegriffen: 27. April 2023.

Craig, S. C., Niemi, R. G., & Silver, G. E. (1990). Political efficacy and trust: A report on the NES pilot study items. *Political Behavior,12*(3), 289–314. http://www.jstor.org/stable/586303

Craig, S. C. (1980). The mobilization of political discontent. *Political Behavior, 2*(2), 189–209. https://doi.org/10.1007/BF00989890

Cramer, K. J. (2016). *The politics of resentment. Rural consciousness in wisconsin and the rise of Scott Walker*. The Chicago University Press.

Cramer, K. J. (2012). Putting inequality in its place: Rural consciousness and the power of perspective (2012/07/30). *American Political Science Review, 106*(3), 517–532. https://doi.org/10.1017/S0003055412000305

Dahl, R. A. (1967). The city in the future of democracy. *The American Political Science Review, 61*(4), 953–970. https://doi.org/10.2307/1953398

Dahl, R. A., & Tufte, E. R. (1973). *Size and democracy*. Stanford University Press.

Di Maggio, P., Hargittai, E., Celeste, C., & Shafer, S. (2004). Digital inequality. In K. M. Neckerman (Hrsg.), *Social inequality*. The Russell Sage Foundation.

Di Palma, G. (1970). *Apathy and participation. Mass politics in western societies*. The Free Press.

Di Palma, G. (1969). Disaffection and participation in western democracies: The role of political oppositions. *The Journal of Politics, 31*(4), 984–1010. https://doi.org/10.2307/2128355

Diehl, T., Weeks, B. E., & Gil de Zúñiga, H. (2016). Political persuasion on social media: Tracing direct and indirect effects of news use and social interaction. *New Media & Society, 18*(9), 1875–1895. https://doi.org/10.1177/1461444815616224

Dijkstra, L., Poelman, H., & Rodríguez-Pose, A. (2020). The geography of EU discontent. *Regional Studies, 54*(6), 737–753. https://doi.org/10.1080/00343404.2019.1654603

Easton, D. (1975). A re-assessment of the concept of political support. *British Journal of Political Science,5*(4), 435–457. http://www.jstor.org/stable/193437

Easton, D. (1976). Theoretical approaches to political support. *Canadian Journal of Political Science/Revue canadienne de science politique,9*(3), 431–448. http://www.jstor.org/stable/3230608

Easton, D., & Dennis, J. (1967). The child's acquisition of regime norms: Political efficacy. *The American Political Science Review, 61*(1), 25–38. https://doi.org/10.2307/1953873

Espinal, R., & Zhao, S. (2015). Gender gaps in civic and political participation in Latin America. *Latin American Politics and Society, 57*(1), 123–138. https://doi.org/10.1111/j.1548-2456.2015.00262.x

Essletzbichler, J., & Forcher, J. (2022). „Red Vienna" and the rise of the populist right. *European Urban and Regional Studies, 29*(1), 126–141. https://doi.org/10.1177/09697764211031622

Faggian, A., Modica, M., Modrego, F., & Urso, G. (2021). One country, two populist parties: Voting patterns of the 2018 Italian elections and their determinants. *Regional Science Policy & Practice, 13*(2), 397–413. https://doi.org/10.1111/rsp3.12391

Fierro, P., Aroca, P., & Navia, P. (2020). How people access the Internet and the democratic divide: Evidence from the Chilean region of Valparaiso 2017, 2018 and 2019. *Technology in Society, 63*, 101432. https://doi.org/10.1016/j.techsoc.2020.101432

Fierro, P., Aroca, P., & Navia, P. (2023). Political disaffection in the digital age: The use of social media and the gap in internal and external efficacy. *Social Science Computer Review, 41*(5), 1857–1876. https://doi.org/10.1177/08944393221087940

Fierro, P., Aroca, P., & Navia, P. (2023). The center-periphery cleavage and online political efficacy (OPE): Territorial and democratic divide in Chile, 2018–2020. *New Media & Society, 25*(6), 1335–1353. https://doi.org/10.1177/14614448211019303

Finkel, S. E. (1985). Reciprocal effects of participation and political efficacy: A panel analysis. *American Journal of Political Science, 29*(4), 891–913. https://doi.org/10.2307/2111186

Finkel, S. E. (1987). The effects of participation on political efficacy and political support: Evidence from a West German Panel. *The Journal of Politics, 49*(2), 441–464. https://doi.org/10.2307/2131308

Fischer, C. S. (1975). The city and political psychology (2014/08/01). *American Political Science Review, 69*(2), 559–571. https://doi.org/10.2307/1959086

Fitzgerald, J., & Lawrence, D. (2011). Local cohesion and radical right support: The case of the Swiss People's Party. *Electoral Studies, 30*(4), 834–847. https://doi.org/10.1016/j.electstud.2011.08.004

Friemel, T. N. (2014). The digital divide has grown old: Determinants of a digital divide among seniors. *New Media & Society, 18*(2), 313–331. https://doi.org/10.1177/1461444814538648

Gamson, W. A. (1968). *Power and discontent*. Dorsey Press.

Geurkink, B., Zaslove, A., Sluiter, R., & Jacobs, K. (2019). Populist attitudes, political trust, and external political efficacy: Old wine in new bottles? *Political Studies, 68*(1), 247–267. https://doi.org/10.1177/0032321719842768

Gibson, R. K. (2009). New media and the revitalisation of politics. *Representation, 45*(3), 289–299. https://doi.org/10.1080/00344890903129566

Goodwin, M. J., & Heath, O. (2016). *Brexit vote explained: Poverty, low skills and lack of opportunities*. Joseph Rowntree Foundation. https://www.jrf.org.uk/report/brexit-vote-explained-poverty-low-skills-and-lack-opportunities?gclid=EAIaIQobChMIqeyL7ICY1gIVhhobCh0Ir-waBEAAYASAAEgIhdvD_BwE

Gordon, I. R. (2018). In what sense left behind by globalisation? Looking for a less reductionist geography of the populist surge in Europe. *Cambridge Journal of Regions, Economy and Society, 11*(1), 95–113. https://doi.org/10.1093/cjres/rsx028

Graham, M., De Sabbata, S., Straumann, R. K., & Ojanperä, S. (2018). Uneven digital geographies… and Why they matter. In K. Orangotango+ (Hrsg.), *This is not an Atlas* (transcript).

Hansen, K. M., & Tue Pedersen, R. (2014). Campaigns matter: How voters became knowledgeable and efficacious during election campaigns. *Political Communication, 31*(2), 303–324. https://doi.org/10.1080/10584609.2013.815296

Hargittai, E., & Hinnant, A. (2008). Digital inequality. *Communication Research, 35*(5), 602–621.https://doi.org/10.1177/0093650208321782

Hirzalla, F., van Zoonen, L., & de Ridder, J. (2011). Internet use and political participation: reflections on the mobilization/normalization controversy. *The Information Society, 27*(1), 1–15. https://doi.org/10.1080/01972243.2011.534360

Hoffmann, C. P., & Lutz, C. (2019). Digital divides in political participation: The mediating role of social media self-efficacy and privacy concerns. *Policy & Internet, n/a*(n/a). https://doi.org/10.1002/poi3.225

Jennings, W., & Stoker, G. (2019). The divergent dynamics of cities and towns: Geographical polarisation and Brexit. *The Political Quarterly, 90*(S2), 155–166. https://doi.org/10.1111/1467-923X.12612

Jennings, W., Stoker, G., & Twyman, J. (2016). The dimensions and impact of political discontent in Britain. *Parliamentary Affairs, 69*(4), 876–900. https://doi.org/10.1093/pa/gsv067

Kenski, K., & Stroud, N. J. (2006). Connections between Internet use and political efficacy, knowledge, and participation. *Journal of Broadcasting & Electronic Media, 50*(2), 173–192. https://doi.org/10.1207/s15506878jobem5002_1

Kneuer, M., & Datts, M. (2020). E-democracy and the matter of scale. Revisiting the democratic promises of the Internet in terms of the spatial dimension. *Politische Vierteljahresschrift,61*(2), 285–308.https://doi.org/10.1007/s11615-020-00250-6

Lane, R. (1959). *Political life: Why people get involved in politics.*

Lipset, S. M., & Rokkan, S. (1967). Cleavage structures, party systems, and voter alignments: an introduction. In S. M. Lipset & S. Rokkan (Hrsg.), *Party systems and voter alignments; cross-national perspectives* (S. 1–64). The Free Press.

Los, B., McCann, P., Springford, J., & Thissen, M. (2017). The mismatch between local voting and the local economic consequences of Brexit. *Regional Studies, 51*(5), 786–799. https://doi.org/10.1080/00343404.2017.1287350

Luna, J. P. (2016). Chile's crisis of representation. *Journal of Democracy, 27*(3), 129–138. https://doi.org/10.1353/jod.2016.0046

Maldonado Hernández, G. (2013). Desapego político y desafección institucional en México ¿Desafíos para la calidad de la democracia? *Pol í tica y gobierno; Tematico.* http://www.politicaygobierno.cide.edu/index.php/pyg/article/view/1053

Martin, J. D., Martins, R. J., & Naqvi, S. (2018). Media use predictors of online political efficacy among Internet users in five Arab countries. *Information, Communication & Society, 21*(1), 129–146.https://doi.org/10.1080/1369118X.2016.1266375

McCann, P. (2020). Perceptions of regional inequality and the geography of discontent: Insights from the UK. *Regional Studies, 54*(2), 256–267. https://doi.org/10.1080/00343404.2019.1619928

McDonnell, J. (2020). Municipality size, political efficacy and political participation: A systematic review. *Local Government Studies, 46*(3), 331–350. https://doi.org/10.1080/03003930.2019.1600510

McKay, L. (2019). 'Left behind' people, or places? The role of local economies in perceived community representation. *Electoral Studies, 60*, 102046. https://doi.org/10.1016/j.electstud.2019.04.010

McQuarrie, M. (2017). The revolt of the Rust Belt: Place and politics in the age of anger. *The British Journal of Sociology, 68*(S1), S120–S152. https://doi.org/10.1111/1468-4446.12328

Miller, W. E., Miller, A. H., & Schneider, E. J. (1980). *American National Election Studies Data Sourcebook, 1952–1978.* Harvard University Press.

Min, S.-J. (2010). From the digital divide to the democratic divide: Internet skills, political interest, and the second-level digital divide in political Internet use. *Journal of Information Technology & Politics, 7*(1), 22–35. https://doi.org/10.1080/19331680903109402

Montero, J. R., Sanz, A., & Navarrete, R. M. (2016). La democracia en tiempos de crisis: Legitimidad, descontento y desafección en España. In J. L. Cascajo Castro & A. M. de la Vega (Hrsg.), *Participaci ó n, representaci ó n y democracia* (Primera). Tirant Lo Blanch.

Montero, J. R., Gunther, R., & Torcal, M. (1997). Democracy in Spain: Legitimacy, discontent, and disaffection. *Studies in Comparative International Development, 32*(3), 124–160. https://doi.org/10.1007/BF02687334

Morrell, M. E. (2003). Survey and experimental evidence for a reliable and valid measure of internal political efficacy. *Public Opinion Quarterly, 67*(4), 589–602. https://doi.org/10.1086/378965

Morris, D. S., & Morris, J. S. (2013). Digital inequality and participation in the political process. *Social Science Computer Review, 31*(5), 589–600. https://doi.org/10.1177/0894439313489259

Navarrete, B., & Tricot, V. (2021). Introduction: Social outbreak and political representation in Latin America. In B. Navarrete & V. Tricot (Hrsg.), *The social outburst and political representation in Chile* (S. 1–10). Springer International Publishing. https://doi.org/10.1007/978-3-030-70320-2_1

Newton, K. (1982). Is small really so beautiful? Is Big really so ugly? Size, effectiveness, and democracy in local government. *Political Studies, 30*(2), 190–206. https://doi.org/10.1111/j.1467-9248.1982.tb00532.x

Nie, N. H., Powell, G. B., & Prewitt, K. (1969). Social structure and political participation: Developmental relationships, Part I. *The American Political Science Review, 63*(2), 361–378. https://doi.org/10.2307/1954694

Niemi, R. G., Craig, S. C., & Mattei, F. (1991). Measuring internal political efficacy in the 1988 national election study. *The American Political Science Review, 85*(4), 1407–1413. https://doi.org/10.2307/1963953

Norris, P. (2001). *Digital divide?: Civic engagement.* Information poverty and the Internet Worldwide (First): Cambridge University Press.

Nye, J., Zelikow, P. D., & King, D. C. (1997). *Why people don't trust government.* Harvard University Press.

OECD. (2020). *Digital government in Chile – Improving public service design and delivery.*

Offe, C. (2006). Political disaffection as an outcome of institutional practices? Some post-Tocquevillean speculations. In M. Torcal & J. R. Montero (Hrsg.), *Political disaffection in contemporary democracies.* Routledge.

Oliver, J. E. (2000). City size and civic involvement in metropolitan America. *The American Political Science Review, 94*(2), 361–373. https://doi.org/10.2307/2586017

Oser, J., Grinson, A., Boulianne, S., & Halperin, E. (2022). How political efficacy relates to online and offline political participation: A multilevel meta-analysis. *Political Communication, 39*(5), 607–633. https://doi.org/10.1080/10584609.2022.2086329

Putnam, R. D. (1995). Tuning in, tuning out: The strange disappearance of social Capital in America. *PS: Political Science and Politics,28*(4), 664–683. https://doi.org/10.2307/420517

Putnam, R. D. (2000). *Bowling alone: The collapse and revival of American community.* Simon & Schuster.

Rodrigues, M., & Meza, O. D. (2018). „Is there anybody out there?" Political implications of a territorial integration. *Journal of Urban Affairs, 40*(3), 426–440. https://doi.org/10.1080/07352166.2017.1360732

Rodríguez-Pose, A. (2020). The rise of populism and the revenge of the places that don't matter. *LSE Public Policy Review,1*(1). https://doi.org/10.31389/lseppr.4

Rodríguez-Pose, A., & Bartalucci, F. (2023). The green transition and its potential territorial discontents. *Cambridge Journal of Regions, Economy and Society*, rsad039. https://doi.org/10.1093/cjres/rsad039

Rodríguez-Pose, A., Lee, N., & Lipp, C. (2021). Golfing with Trump. Social capital, decline, inequality, and the rise of populism in the US. *Cambridge Journal of Regions, Economy and Society,14*(3), 457–481. https://doi.org/10.1093/cjres/rsab026

Rodríguez-Pose, A. (2018). The revenge of the places that don't matter (and what to do about it). *Cambridge Journal of Regions, Economy and Society, 11*(1), 189–209. https://doi.org/10.1093/cjres/rsx024

Rodríguez-Pose, A., Dijkstra, L., & Poelman, H. (2024). The geography of EU discontent and the regional development trap. *Economic Geography, 100*(3), 213–245.https://doi.org/10.1080/00130095.2024.2337657

Saglie, J., & Vabo, S. I. (2009). Size and e-democracy: Online participation in Norwegian local politics. *Scandinavian Political Studies, 32*(4), 382–401. https://doi.org/10.1111/j.1467-9477.2009.00235.x

Sasaki, F. (2016). Online Political Efficacy (OPE) as a reliable survey measure of political empowerment when using the Internet. *Policy & Internet, 8*(2), 197–214. https://doi.org/10.1002/poi3.114

Sasaki, F. (2017). Does Internet use provide a deeper sense of political empowerment to the less educated? *Information, Communication & Society, 20*(10), 1445–1463. https://doi.org/10.1080/1369118X.2016.1229005

Scheufele, D. A., & Nisbet, M. C. (2002). Being a citizen online. *Harvard International Journal of Press/Politics, 7*(3), 55–75. https://doi.org/10.1177/1081180X0200700304

Schlozman, K. L., Verba, S., & Brady, H. E. (2010). Weapon of the strong? Participatory inequality and the Internet. *Perspectives on Politics,8*(2), 487–509. http://www.jstor.org/stable/25698614

Shingles, R. D. (1981). Black consciousness and political participation: The missing link. *The American Political Science Review, 75*(1), 76–91. https://doi.org/10.2307/1962160

Stein, J., Buck, M., & Bjørnå H. (2021). The centre-periphery dimension and trust in politicians: The case of Norway. *Territory, Politics, Governance, 9*(1), 37–55. https://doi.org/10.1080/21622671.2019.1624191

Stoycheff, E., Nisbet, E. C., & Epstein, D. (2016). Differential effects of capital-enhancing and recreational internet use on citizens' demand for democracy. *Communication Research,0093650216644645*.https://doi.org/10.1177/0093650216644645

Torcal, M., & Lago, I. (2006). Political participation, information, and accountability: Some consequences of political disaffection in new democracies. In M. Torcal & J. R. Montero (Hrsg.), *Political disaffection in contemporary democracies. Social capital, institutions, and politics* (S. 308–332). Rutledge.

Torcal, M., & Montero, J. R. (2006a). Political disaffection in comparative perspective. In M. Torcal & J. R. Montero (Hrsg.), *Political disaffection in contemporary democracies. Social capital, institutions, and politics* (S. 3–20). Rutledge.

Torcal, M. (2006). Desafección institucional e historia democrática en las nuevas democracias. *Revista SAAP, 2*(3), 591–634.

Torcal, M., & Montero, J. R. (2006). *Political disaffection in contemporary democracies*. Routledge.

Valentino, N. A., Gregorowicz, K., & Groenendyk, E. W. (2009). Efficacy, emotions and the habit of participation. *Political Behavior,31*(3), 307–330. http://www.jstor.org/stable/40587287

van Deursen, A. J., & van Dijk, J. A. (2014). The digital divide shifts to differences in usage. *New Media & Society, 16*(3), 507–526. https://doi.org/10.1177/1461444813487959

Wagner, K. M., Gray, T. J., & Gainous, J. (2017). Digital information consumption and external political efficacy in Latin America: Does institutional context matter? *Journal of Information Technology & Politics, 14*(3), 277–291.https://doi.org/10.1080/19331681.2017.1337601

Wallerstein, I. (1974). *The modern World System I: Capitalist agriculture and the origins of the European wolrd-economy in the sixteenth century*. Academic Press.

Wilson, K. R., Wallin, J. S., & Reiser, C. (2003). Social stratification and the digital divide. *Social Science Computer Review, 21*(2), 133–143. https://doi.org/10.1177/089443930302100200l

Wirth, L. (1938). Urbanism as a way of life. *American Journal of Sociology,44*(1), 1–24. http://www.jstor.org/stable/2768119

Zhang, W., Johnson, T. J., Seltzer, T., & Bichard, S. L. (2010). The revolution will be networked: The influence of social networking sites on political attitudes and behavior. *Social Science Computer Review, 28*(1), 75–92. https://doi.org/10.1177/0894439309335162

Ziblatt, D., Hilbig, H., & Bischof, D. (2023). Wealth of tongues: Why peripheral regions vote for the radical right in Germany (2023/10/20). *American Political Science Review,1–17*. https://doi.org/10.1017/S0003055423000862

Kapitel 3
Methodischer Ansatz

Zusammenfassung Dieses Kapitel stellt eine Methode vor, die drei politische Haltungen beinhaltet, die häufig mit Verdrossenheit in Verbindung gebracht werden: interne politische Wirksamkeit, externe politische Wirksamkeit und politisches Interesse. Deren Wechselwirkungen untersuchen wir mittels Daten zur Nutzung sozialer Medien für bürgerschaftliches Engagement sowie zum verwendeten Gerätetyp für den Internetzugang. Darüber hinaus integrieren wir ein zeitgemäßes Messgröße, die politische Wirksamkeit im Internet, die speziell für den digitalen Raum entwickelt wurde, um zu bewerten, ob digitale Plattformen Personen stärken können, die in politischen Diskussionen typischerweise benachteiligt sind. Um diese Ziele zu erreichen, haben wir Umfragedaten der chilenischen Non-Profit-Organisation P!ensa Foundation analysiert, die zwischen 2017 und 2023 in 11.574 persönlichen Gesprächen erhoben wurden. Mithilfe von Cronbachs Alpha validierten wir Faktoren im Zusammenhang mit politischen Einstellungen und der Nutzung sozialer Medien, wobei wir zwischen bürgerschaftlicher Nutzung (politisch und informativ) und sonstiger Nutzung (soziale Interaktion und Unterhaltung) unterschieden. Zur Untersuchung dieser Faktoren und ihrer Wechselwirkungen wurde das Strukturgleichungsmodell (SEM) verwendet. Während die meisten Studien individuelle oder institutionelle Aspekte betonen, hebt die jüngere Literatur zur „Geografie der Unzufriedenheit" territoriale Disparitäten hervor. In dieser Studie wird bürgerschaftliches Engagement erneut untersucht, indem territoriale Verläufe und Erfahrungen über Regionen, Städte oder Stadtviertel hinweg integriert werden.

Schlüsselwörter Umfragedesign · Strukturgleichungsmodell · Räumliche Autokorrelation · Globaler Süden · Politische Haltung

P. Fierro et al., *Verlassene Orte im digitalen Zeitalter*,
https://doi.org/10.1007/978-3-032-07488-1_3

3.1 Fragebogendesign

3.1.1 Bewertung politischer Einstellungen, die üblicherweise mit politischer Entfremdung assoziiert werden

Wie bereits erwähnt, zielt unsere Arbeit darauf ab, zur Literatur über die kontextuellen Faktoren, die Unzufriedenheit erklären, beizutragen, wobei wir uns auf einen haltungsbezogenen und nicht auf einen verhaltensbezogenen Ansatz (wie etwa Wahlverhalten) konzentrieren. Wir möchten Licht auf das werfen, was oft als selbstverständlich angenommen wird: Gefühle von Verlassenheit, Frustration und Ohnmacht.

Politische Haltungen dienen häufig als erklärende Variablen bei der Untersuchung von Verhaltensweisen, was auch auf digitale Beteiligung zutrifft. Die politische oder informative Nutzung von Social-Media-Plattformen wird beispielsweise meist durch unterschiedliche Haltungen und Empfindungen gegenüber Politik und politischen Themen erklärt. In unseren Studien haben wir drei spezifische Einstellungen priorisiert, die gemeinhin mit politischer Entfremdung und – in unserem Verständnis – mit jenen Gefühlen des Ausgeschlossenseins verbunden werden, die wir erfassen möchten: interne politische Wirksamkeit, externe politische Wirksamkeit und politisches Interesse.

Das Konzept der politischen Wirksamkeit geht, wie bereits ausgeführt, auf Campbel et al. (1954) zurück, die sie als das Gefühl charakterisierten, dass die politischen Handlungen des Einzelnen den politischen Prozess erheblich beeinflussen, und damit den Wert der Erfüllung der bürgerschaftlichen Pflichten hervorhoben. Ursprünglich als einheitliches Konzept verstanden, schlug die spätere wissenschaftliche Diskussion eine differenziertere Betrachtung vor. Converse (1972) unterschied zwischen dem „Gefühl politischer Kompetenz“ einer Person und ihrem „Vertrauen in die Reaktionsfähigkeit des Systems“. In Anlehnung daran prägte Balch (1974) die heute klassische Zweiteilung in interne und externe Wirksamkeit. Interne Wirksamkeit beschreibt das Verständnis einer Person für öffentliche Angelegenheiten und ihr Vertrauen in die eigene Fähigkeit, sich sinnvoll am politischen Prozess zu beteiligen. Externe Wirksamkeit hingegen umfasst die Wahrnehmung, wie responsiv politische Systeme und Institutionen auf die Anliegen der Bürgerinnen und Bürger sind.

Wie in den vorangegangenen Kapiteln ausgeführt, wurden sowohl die interne als auch die externe Wirksamkeit zur Messung verschiedener Aspekte politischer Entfremdung herangezogen. Nach der Unterscheidung von Torcal und Montero (2006) für den spezifischen Fall Lateinamerikas könnte die interne Wirksamkeit – also das Gefühl für die eigene Kompetenz – mit politischer Distanzierung assoziiert werden, während die externe Wirksamkeit – also der Glaube an die Responsivität des Systems – mit institutioneller Entfremdung in Verbindung stehen könnte.

Trotz des allgemeinen Konsenses in der Wissenschaft über diese Zweiteilung haben einige Studien, die den Zusammenhang zwischen Haltungen und der Nutzung sozialer Medien untersuchen, politische Wirksamkeit entweder als einheitliches Konstrukt behandelt oder nur einen ihrer Aspekte hervorgehoben. Zudem besteht weiterhin Uneinigkeit über die Messung dieser Variablen. Während einige Forschende für mehrdimensionale Skalen plädieren, greifen zahlreiche kommunikationswissenschaftliche Studien auf eine Einzelmessung jedes Aspekts zurück.

Vor dem Hintergrund dieser Komplexität umfasst unser Ansatz fünf Aussagen zur Erfassung der internen Wirksamkeit und vier zur externen Wirksamkeit. Entscheidend ist dabei, dass wir uns bei der Formulierung an Hansen und Tue Pedersen (2014) orientiert haben, um Kohärenz und Robustheit unseres Vorgehens zu gewährleisten (Tab. 3.1 und 3.2). Hansen und Tue Pedersen arbeiteten gezielt mit diesen Item-Sets, um zu untersuchen, ob politische Kampagnen diese spezifischen Haltungen beeinflussen. Ihre Ergebnisse sind für unser Anliegen relevant und zutreffend, da sie zeigen, dass politische Kommunikation tatsächlich einen positiven Einfluss auf politische Haltungen hat, die tendenziell dauerhafter und weniger anfällig gegenüber einzelnen Ereignissen sind.

Ein Teil der Wissenschaftlerinnen und Wissenschaftler schlägt vor, politisches Interesse im Einklang mit der Exposition gegenüber politischen Zielen zu messen.

Tab. 3.1 Aussagen zur internen politischen Wirksamkeit

Frage: Wie sehr stimmen Sie den folgenden Aussagen zu?	Variable
Manchmal ist Politik so kompliziert, dass jemand wie ich eigentlich nicht verstehen kann, was vor sich geht	inef1
Im Allgemeinen finde ich es nicht so schwierig, zu politischen Themen Stellung zu beziehen	inef2
Wenn Politikerinnen und Politiker über Wirtschaftspolitik debattieren, verstehe ich nur einen kleinen Teil dessen, worüber sie sprechen	inef3
Bürgerinnen und Bürger wie ich sind qualifiziert, an politischen Diskussionen teilzunehmen	inef4
Bürgerinnen und Bürger wie ich haben politische Meinungen, denen man Gehör schenken sollte	inef5

Hinweis Die Antworten wurden auf einer fünfstufigen Likert-Skala gemessen

Tab. 3.2 Aussagen zur externen politischen Wirksamkeit

Frage: Wie sehr stimmen Sie den folgenden Aussagen zu?	Variable
Politikerinnen und Politiker interessiert es eigentlich nicht, was die Wählerinnen und Wähler denken	exef1
In der Regel kann man darauf vertrauen, dass die politischen Führungskräfte das Beste für das Land tun	exef2
Die Politikerinnen und Politiker verschwenden viel Steuergeld	exef3
Bürgerinnen und Bürger wie ich haben keinen Einfluss auf die Entscheidungen von Parlament und Regierung	exef4

Hinweis Die Antworten wurden auf einer fünfstufigen Likert-Skala gemessen

Diese Methode stützt sich jedoch stark auf Verhaltensindikatoren und weniger auf Haltungen, wie Stromback und Shehata (2010) betonen. Vor diesem Hintergrund und in Übereinstimmung mit einer Vielzahl wissenschaftlicher Empfehlungen misst unsere Studie das politische Interesse anhand des selbst angegebenen Interesses, wie in Tab. 3.3 dargestellt.

Verschiedene Forschende haben unterschiedliche Ansätze zur Untersuchung politischer Haltungen gewählt. Im Fall des politischen Interesses wird argumentiert, dass selbstberichtete Angaben zu Verzerrungen führen können, insbesondere in Ländern, in denen eine Distanzierung von öffentlichen Angelegenheiten gesellschaftlich missbilligt wird, wie es häufig in Chile der Fall ist. In solchen Kontexten könnten Anreize bestehen, das eigene Interesse an öffentlichen Angelegenheiten zu übertreiben. Daher schlagen einige Wissenschaftlerinnen und Wissenschaftler vor, als plausible Alternative Aussagen zu Mediennutzung oder politischem Informationskonsum zu verwenden (Lupia & Philpot, 2005; Oskarson, 2007), um das tatsächliche Interesse der Befragten „objektiver" zu messen. Der Nachteil dieses Ansatzes besteht jedoch darin, dass er den Fokus von Haltungen auf konkrete Handlungen der Individuen verschiebt. Aus diesem Grund haben wir uns entschieden, weiterhin selbstberichtete Werte zu verwenden.

Ein weiterer interessanter Aspekt ist unsere Entscheidung, für alle Einstellungen eine Reihe von Fragen zu verwenden, die mehr Informationen liefern als eine Einzel-Item-Messung. Dies wird in den folgenden Abschnitten noch näher erläutert, ist aber eine zentrale Entscheidung, da sie von der Existenz latenter Variablen – also der Haltungen, die wir erfassen wollen – ausgeht, die letztlich durch spezifische beobachtbare Variablen – also die verwendeten Aussagen – gemessen werden. Wir sind der Ansicht, dass dieses Vorgehen den in der Literatur der politischen Psychologie gängigen Empfehlungen entspricht.

3.1.2 Internet und digitale Plattformen bei der Integration marginalisierter Regionen

Neben der Identifizierung der kontextuellen Faktoren, die politische Unzufriedenheit erklären, richtet sich unser Forschungsfokus auch auf die Rolle des Internets

Tab. 3.3 Aussagen zum politischen Interesse

Frage: Wie sehr interessieren Sie sich für …?	Variable
Politik	polint1
Ereignisse in Ihrer Stadt	polint2
Ereignisse in Ihrer Region	polint3
Ereignisse im Land	polint4
Ereignisse in der Welt	polint5

Hinweis Die Antworten wurden auf einer vierstufigen Likert-Skala gemessen

Tab. 3.4 Aussagen zu verschiedenen Arten der Nutzung sozialer Medien

Frage: Wie sehr interessieren Sie sich für …?	Variable	
Soziale Interaktion	Mit Freunden und Familie in Kontakt bleiben	use1
Soziale Interaktion	Menschen mit ähnlichen Interessen kennenlernen	use2
Unterhaltung	Videos und Fotos zur Unterhaltung ansehen	use3
Politische Meinungsäußerung	Fotos oder Videos zu politischen Themen teilen	use4
Politische Meinungsäußerung	Meine Meinung zu politischen Ideen teilen	use5
Politische Meinungsäußerung	Meine Erfahrungen bei politischen oder Wahlaktivitäten öffentlich machen	use6
Information und Nachrichten	Sich über aktuelle Ereignisse und öffentliche Angelegenheiten informieren	use7

Hinweis Die Antworten wurden auf einer siebenstufigen Likert-Skala gemessen

und digitaler Plattformen bei der Integration von Regionen, die häufig von öffentlichen Angelegenheiten ausgeschlossen sind. Dieser Ansatz ist insofern interessant, als er uns dazu zwingt, unser Verständnis der digitalen Kluft – und insbesondere der demokratischen Kluft – um diese territoriale Dimension zu erweitern.

Um dies zu erreichen, konzentrieren wir uns auf zwei verschiedene Aspekte: Erstens auf die unterschiedlichen Nutzungsweisen sozialer Plattformen – insbesondere sozialer Medien – und zweitens auf eine spezielle Messgröße politischer Wirksamkeit, die gezielt für die Online-Welt entwickelt wurde.

3.1.2.1 Messung der Nutzung sozialer Medien: Von Unterhaltung bis Engagement

Eine der Herausforderungen für die Forschung besteht im Fehlen einheitlicher Definitionen und Messmethoden für die Nutzung sozialer Medien. Daher argumentieren einige Wissenschaftlerinnen und Wissenschaftler, dass die unterschiedlichen Befunde zu den demokratischen Implikationen sozialer Medien teilweise auf diese divergierenden konzeptionellen Rahmen und Messgrößen zurückzuführen sind (Chan et al., 2016; Hyun & Kim, 2015).

In Anlehnung an einflussreiche Studien zum Zusammenhang zwischen sozialen Medien und bürgerschaftlichem Engagement (Diehl et al., 2016; Gil de Zúñiga et al., 2014; Yang & DeHart, 2016) verwenden wir in unserer Forschung sieben verschiedene Aussagen, um vier spezifische Typen der Nutzung sozialer Medien zu erfassen: soziale Interaktion, Unterhaltung, politisches Engagement und Informationssuche. Die genauen Inhalte dieser Aussagen sind in Tab. 3.4 dargestellt.

Tab. 3.5 Aussagen zur politischen Wirksamkeit im Internet

Frage: Wie sehr stimmen Sie den folgenden Aussagen zu?	Variable
Durch die Nutzung des Internets können Menschen wie Sie mehr politischen Einfluss gewinnen	ope1
Durch die Nutzung des Internets können Menschen wie Sie mehr Mitspracherecht bei Regierungsentscheidungen erhalten	ope2
Durch die Nutzung des Internets können Menschen wie Sie Politik besser verstehen	ope3
Durch die Nutzung des Internets werden Amtsträgerinnen und Amtsträger mehr darauf achten, was Menschen wie ich denken	ope4

Hinweis Die Antworten wurden auf einer fünfstufigen Likert-Skala gemessen

3.1.2.2 Die neue Messgröße für politische Wirksamkeit im Internet

Im Gegensatz zum klassischen Konzept unterscheidet die politische Wirksamkeit im Internet nicht zwingend zwischen der internen Komponente (Selbstwirksamkeit) und der externen Komponente (Überzeugung von der Responsivität des Systems). Vielmehr fungiert sie als allgemeines Konzept, das das Gefühl misst, dass die eigenen politischen Handlungen über das Internet sinnvoll sind und Veränderungen bewirken.

Diese Messgröße wurde in den vergangenen fünf Jahren in verschiedenen Zusammenhängen mit sehr guten Ergebnissen eingesetzt. Für dieses Projekt haben wir denselben Fragenkatalog verwendet, der vom World Internet Project vorgeschlagen wurde und aus vier Aussagen besteht, die auf einer fünfstufigen Likert-Skala gemessen werden. Die konkreten Aussagen sind in Tab. 3.5 aufgeführt.

3.1.3 Weitere Anmerkungen

Dieser Abschnitt konzentriert sich auf die Rolle des territorialen Kontexts bei der Ausprägung der zugrunde liegenden Gefühle und Faktoren, die politisches Verhalten wie Wählen oder Nichtwählen beeinflussen. Daher werden politische Haltungen zu einem wesentlichen Bestandteil unserer Analyse.

Die von uns gewählten Ansätze basieren auf der Anwendung von Konzepten, die traditionell zur Untersuchung bürgerschaftlichen Engagements verwendet werden, insbesondere im Kontext politischer Entfremdung. Diese politischen Haltungen sind entscheidend, um Themen zu analysieren, die in der Literatur zu Raum und Politik häufig diskutiert werden, wie etwa das Gefühl des Verlassenseins, das Bewohner von „abgehängten Orten" erleben und das – wie wir vorschlagen – mit einem Rückgang des Vertrauens in die Responsivität des Systems, also der externen Wirksamkeit, einhergeht.

Darüber hinaus ermöglichen es die in unseren Fragebögen enthaltenen politischen Haltungen, neue und innovative Ansätze zu entwickeln, die auf zukunftsträchtige Arbeiten aufbauen. So können politische Wirksamkeitsüberzeugungen insgesamt und insbesondere die Diskrepanzen zwischen Selbstwirksamkeit und Systemresponsivität sehr hilfreich sein, um Frustration und Ressentiments in der Politik zu untersuchen – Phänomene, die häufig mit räumlichen Ungerechtigkeiten und dem Gefühl des Abgehängtseins verbunden sind.

Letztlich zielt diese Studie darauf ab, die Analyse von der Geografie des Wählens hin zur Geografie der Unzufriedenheit zu verschieben, was die Einbeziehung subjektiver und haltungsbezogener Faktoren erfordert.

3.2 Die Analyse

3.2.1 Datenquellen und Erhebung

Für die Gewinnung belastbarer, handlungsrelevanter Erkenntnisse nutzten wir einen Umfragedatensatz, der von der renommierten chilenischen Non-Profit-Organisation Fundación P!ensa bereitgestellt wurde. Diese Umfrage, durchgeführt vom internationalen Marktforschungsunternehmen Ipsos und dem chilenischen Meinungsforschungsinstitut Datavoz-Statcom, bietet eine Fülle an detaillierten und tiefgehenden Antworten. Die Daten sind öffentlich über das Harvard Dataverse Repository zugänglich. Für die Durchführung der Interviews zu wissenschaftlichen Forschungszwecken wurde von allen Befragten eine Einwilligung eingeholt. Die Befragten wurden umfassend über die Ziele der Untersuchung und die Verwendung ihrer Antworten informiert.

Ein genauerer Blick auf die Umfragedetails:

- **Umfang und Stichprobengröße**: Über sieben aufeinanderfolgende Jahre – 2017, 2018, 2019, 2020, 2021, 2022 und 2023 – wurden jährlich 1650 persönliche Interviews durchgeführt, was sich auf eine kumulierte Gesamtzahl von 11.574 Interviews summiert.
- **Demografie:** Alle Befragten waren Erwachsene ab 18 Jahren.
- **Geografische Abdeckung**: Der geografische Fokus der Umfrage war strategisch gewählt und konzentrierte sich auf die zehn einwohnerstärksten Gemeinden der Region Valparaíso in Chile. Laut Zensusdaten von 2017 machen diese Gemeinden zusammen beachtliche 72 % der Gesamtbevölkerung der Region aus.
- **Erhebungszeiträume**:
  - 2017: Durchgeführt vom 18. März bis 11. April, fand diese Befragungsrunde acht Monate vor den bedeutenden nationalen Wahlen im November statt, bei denen sowohl das Präsidentenamt als auch die Legislative neu gewählt wurden.
  - 2018: Diese Erhebung lief vom 11. Mai bis 11. Juni und erfolgte damit kurz nach der Amtseinführung der neu gewählten Regierung, nur zwei Monate nach Beginn ihrer Amtszeit.

- 2019: Die Umfrage wurde zwischen dem 15. April und dem 22. Mai durchgeführt.
- 2020: Die Feldarbeit fand zwischen dem 17. Februar und dem 20. April statt. Aufgrund von Mobilitätsbeschränkungen und Abstandsregelungen infolge der COVID-19-Pandemie wurden 1413 persönliche Interviews durch 237 Telefoninterviews ergänzt, um die Stichprobe zu vervollständigen.
- 2021: Diese Befragungsrunde wurde zwischen dem 7. Juli und dem 13. September durchgeführt und endete mehr als zwei Monate vor den nationalen Wahlen im November, bei denen sowohl das Präsidentenamt als auch die Legislative zur Wahl standen.
- 2022: Diese Erhebungsrunde fand vom 31. Mai bis 24. Juli statt.
- 2023: Die Feldarbeit für diese Runde wurde vom 31. Mai bis 24. Juli durchgeführt.

Diese umfassende, mehrjährige Umfrage bereichert unsere Analyse nicht nur durch den großen Datensatz, sondern ermöglicht auch ein differenziertes Verständnis der sich wandelnden öffentlichen Haltungen im Verlauf verschiedener politischer Zeiträume. Die deskriptiven Statistiken für die Gesamtheit der Stichprobe (über sieben Jahre) sind in Tab. 3.6 dargestellt.

3.2.2 *Konsistenzanalyse*

Zunächst führten wir eine Konsistenzanalyse durch, um die Relevanz der erstellten Faktoren zu bestimmen. Wir verwendeten Cronbachs Alpha, um zu prüfen, ob die aus der Literatur abgeleiteten Variablen konsistent sind. In Fällen, in denen das Entfernen eines Items den Gesamtindex nur geringfügig verbessert hätte, entschieden wir uns dafür, die Variable beizubehalten, um deren Informationsgehalt zu erhalten. So würde beispielsweise beim Faktor „Zivile Nutzung" (Tab. 3.7) das Entfernen der Variable use7 α von 0,86 auf 0,88 erhöhen, wir entschieden uns jedoch, sie beizubehalten (der vollständige Vorgang ist in den Anhängen A.1 und

Tab. 3.6 Deskriptive Statistiken der Stichprobe

Variable	Beobachtungen	Mittelwert	Standardabweichung	Min	Max
Geschlecht (weiblich = 1)	11574	0,6	0,49	0	1
Alter	11574	47,6	17,9	18	96
Sozioökonomischer Status	11467	2,9	1,07	1	5
Rechts	11574	0,12	0,33	0	1
Zentrum	11574	0,1	0,3	0	1
Links	11574	0,18	0,39	0	1
Internetzugang von zu Hause	11556	0,76	0,42	0	1
Internetzugang am Arbeitsplatz	10559	0,42	0,49	0	1
Internetzugang über Mobilgerät	11548	0,81	0,39	0	1

Tab. 3.7 Dimensionen, Faktoren, Variablen und Ergebnisse der Zuverlässigkeitsanalyse

Dimension	Faktor	Variable	α bei Ausschluss des Items	α
Art der Nutzung sozialer Medien	Zivile Nutzung	use4	0,82	0,86
		use5	0,78	
		use6	0,82	
		use7	0,88	
	Nichtzivile Nutzung	use1	0,59	0,68
		use2	0,62	
		use3	0,56	
Politische Haltungen	Interne Wirksamkeit	inef2	0,72	0,67
		inef4	0,47	
		inef5	0,51	
	Externe Wirksamkeit	exef1	0,59	0,66
		exef3	0,52	
		exef4	0,58	
	Politische Wirksamkeit im Internet	ope1	0,78	0,83
		ope2	0,75	
		ope3	0,80	
		ope4	0,81	
	Politisches Interesse	polint1	0,89	0,87
		polint2	0,82	
		polint3	0,81	
		polint4	0,81	
		polint5	0,84	

Anmerkung Dies ist ein Beispiel unter Berücksichtigung aller Reihen von 2017, 2018, 2019, 2020, 2021, 2022 und 2023. Die Entscheidung, welche beobachtbare Variable beibehalten wird, kann je nach verwendeter Reihe variieren. Für die politische Wirksamkeit im Internet wurden alle Reihen außer 2017 verwendet, da der Fragenblock erst ab 2018 enthalten ist.

A.2 beschrieben). Hinsichtlich der Typologie der Social-Media-Nutzung arbeiteten wir mit zwei Faktoren: zivile Nutzung (umfassend politische und informationelle Nutzung) und sonstige Nutzung (soziale Interaktion und Unterhaltung). Wie Tab. 3.7 zeigt, erwiesen sich beide Faktoren als konsistent.

Im Fall der politischen Haltungen fielen die Ergebnisse anders aus als zuvor beschrieben. Für die interne Wirksamkeit ergab die Konsistenzanalyse, dass die Variablen inef2, inef4 und inef5 beibehalten und die Variablen inef1 und inef3 ausgeschlossen werden sollten. Eine mögliche Erklärung hierfür ist die negative Formulierung einiger Aussagen. Wie in Tab. 3.1 dargestellt, sind die Variablen inef1 und inef3 negativ formuliert. Obwohl die Skala bei der Codierung invertiert wurde, sodass alle Variablen in gleicher Weise gemessen wurden, empfahl Cronbachs Alpha dennoch deren Ausschluss. Für die externe Wirksamkeit ergab die Konsistenzanalyse, dass die Variablen exef1, exef3 und exef4 beibehalten und die Variable exef2 ausgeschlossen werden sollte. Die Erklärung hierfür könnte ähnlich wie bei der internen Wirksamkeit sein. Nur die Variable exef2 war positiv formuliert. Obwohl die anderen drei Variablen recodiert wurden, empfahl Cronbachs

Alpha auch hier deren Ausschluss. Im Fall des politischen Interesses wurden alle Variablen einbezogen, sodass ein konsistenter Gesamtindex erreicht wurde.

3.2.3 Strukturgleichungsmodelle (SEM)

Um die Faktoren und deren Wechselwirkungen zu schätzen, verwenden wir ein System von Strukturgleichungsmodellen (SEM). In den letzten Jahren wurde diese Methodik zur Schätzung der Zusammenhänge zwischen Internet und politischem Engagement empfohlen (Kim, 2020; Purdy, 2017). Diese Technik lässt sich in zwei Teile gliedern: die Konstruktion des Messmodells und des Strukturmodells. In diesem Abschnitt erläutern wir die Entwicklung der Messmodelle, die es uns ermöglichen, die latenten Variablen zu erstellen, die in unserer Analyse verwendet werden. Im Kap. 4 (Ergebnisse und Diskussion) konzentrieren wir uns auf das Strukturmodell, wobei wir die latenten Variablen einbeziehen und gleichzeitig ihre Beziehungen zu anderen relevanten beobachtbaren Variablen untersuchen.

Bei der Analyse latenter Variablen ist es entscheidend, zwischen zwei grundlegenden Typen zu unterscheiden: reflektive und formative latente Variablen (Tang et al., 2020). Unsere bisherigen Ausführungen bezogen sich vor allem auf reflektive latente Variablen, also theoretische Konstrukte, die sich in beobachtbaren Indikatoren manifestieren. In diesem Modell gilt die latente Variable als Ursache dieser Indikatoren. Ebenso wichtig ist jedoch die Berücksichtigung formativer latenter Variablen. Im Gegensatz zu reflektiven Variablen werden formative latente Variablen aus ihren Indikatoren gebildet, die als ursächlich für das latente Konstrukt angesehen werden. Diese Unterscheidung ist nicht nur semantischer Natur, sondern hat erhebliche Auswirkungen auf die Modellspezifikation, die Überprüfung von Reliabilität und Validität sowie auf die Interpretation kausaler Zusammenhänge.

Wie in den Abb. 3.1, 3.2, 3.3 und 3.4 dargestellt, umfasst das Messmodell die Bildung von fünf Faktoren, wobei die im vorherigen Abschnitt dargestellten Ergebnisse der Konsistenzanalyse berücksichtigt werden. Diese Technik ist insbesondere bei der Messung von interner und externer Wirksamkeit relevant. In einigen Fällen haben wir eine aggregierte Variable gebildet, indem wir die Werte der einzelnen Antworten addiert oder einfach den Mittelwert jeder Wirksamkeit berechnet haben (Hansen & Tue Pedersen, 2014; Stoycheff et al., 2016; Zhang et al., 2010). Dennoch empfiehlt die Literatur die Verwendung von Strukturgleichungsmodellen, da diese die theoretische Behandlung des Konzepts am besten abbilden (Bollen et al., 2008).

Politische Haltungen werden üblicherweise bei der Erklärung der politischen oder informationsbezogenen Nutzung sozialer Medien berücksichtigt. Viele Studien stoßen jedoch auf theoretische und methodische Probleme bei der Konzeptualisierung und Messung der Variablen, was auf fehlende Daten und die Verwendung vorgefertigter Fragebögen zurückzuführen sein könnte. Besonders ausgeprägt sind diese Probleme im Bereich der politischen Wirksamkeit, einem Konzept, das auf unterschiedliche Weise untersucht wurde und nicht immer den

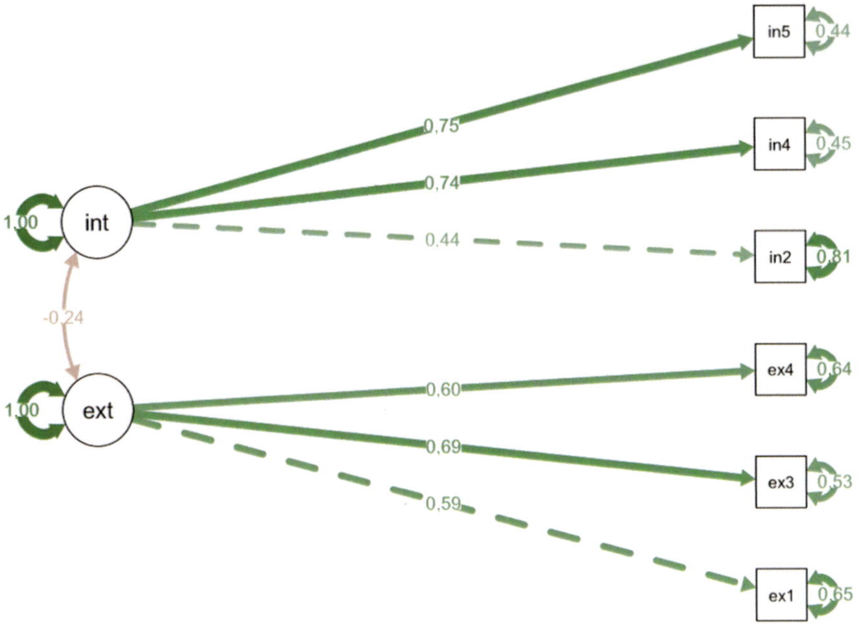

Abb. 3.1 Messmodell für politische Wirksamkeit

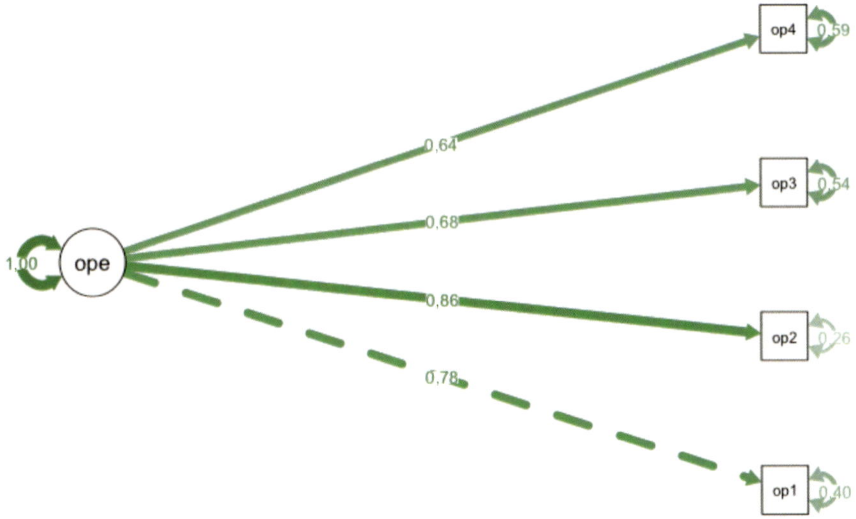

Abb. 3.2 Messmodell für politische Wirksamkeit im Internet (2018–2023)

Empfehlungen in der Literatur folgt. In diesem Kapitel schlagen wir eine Methodik vor, die die Dreidimensionalität politischer Wirksamkeit (einschließlich der Online-Variante) wiederherstellt und zudem die Bildung von Faktoren auf Basis

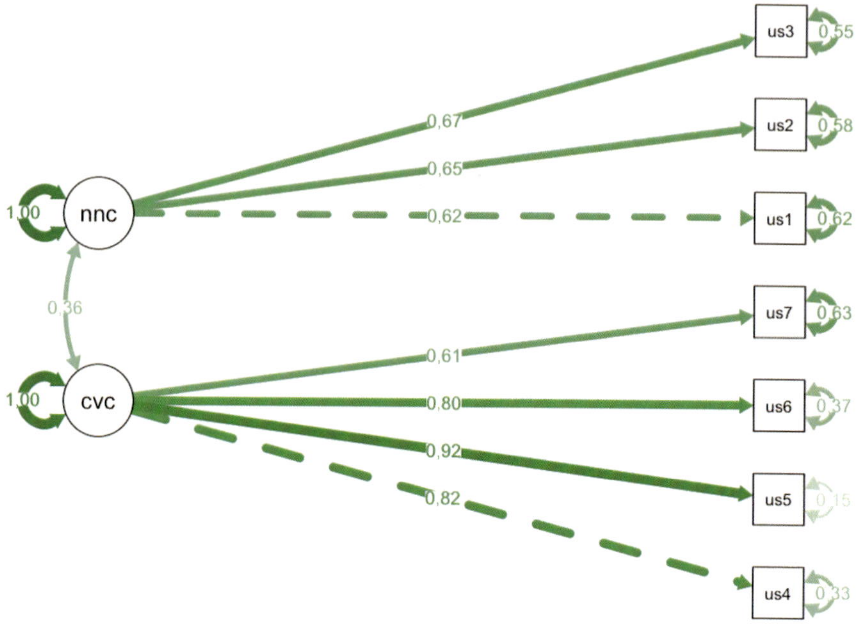

Abb. 3.3 Messmodell für die Nutzung sozialer Medien

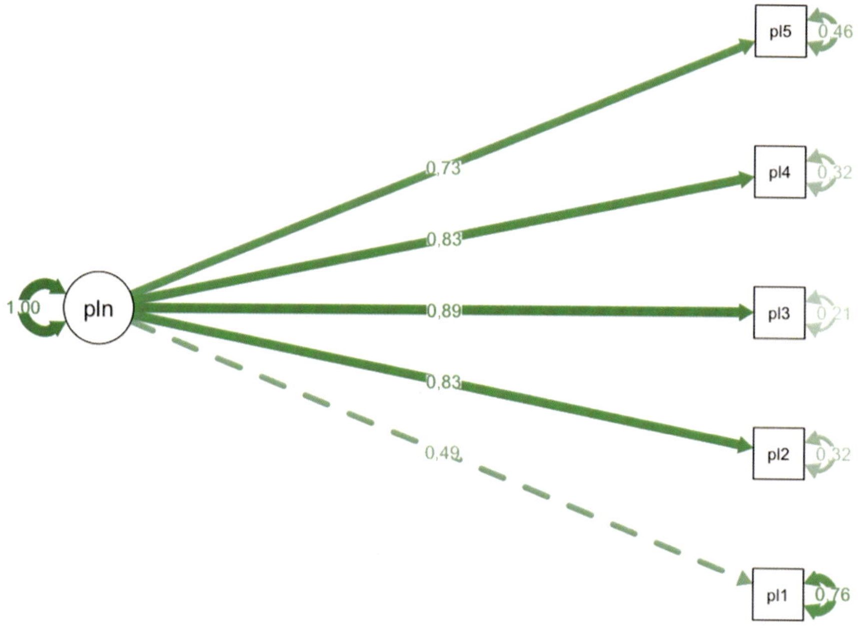

Abb. 3.4 Messmodell für politisches Interesse

verschiedener Fragen, wie in der Literatur empfohlen, erleichtert. Wie bereits erwähnt, wird der Einsatz von Strukturgleichungsmodellen (SEM) in jüngerer Zeit für die Erforschung der Zusammenhänge zwischen Internet und Engagement empfohlen, da damit Faktoren, die im Bereich der öffentlichen Kommunikation häufig untersucht werden, gebildet und deren Beziehungen simultan geschätzt werden können. Wir sind der Ansicht, dass die Konsistenz und die Robustheit der in diesem Kapitel vorgestellten Modelle einen relevanten Beitrag zur Untersuchung des potenziell demokratisierenden Einflusses digitaler Plattformen leisten.

Die Stärke von SEM liegt in der Möglichkeit, eine latente Variable aus Messungen assoziierter Variablen zu konstruieren und sie anschließend in einem Modell zur Erklärung kausaler Zusammenhänge zu verwenden. In diesem Fall veranschaulichen die Abb. 3.1, 3.2, 3.3 und 3.4, dass die Kausalpfeile von den latenten Variablen (politische Wirksamkeit, Nutzung sozialer Medien und politisches Interesse) zu den Variablen verlaufen, die anhand der zuvor beschriebenen Aussagen gemessen wurden. Der Grund für die Kausalität liegt in der Erzeugung der gemeinsamen Varianz zwischen diesen Variablen durch die latente Variable, die wir bestimmen wollen. Aus dieser gemeinsamen Varianz bilden wir die Variable, von der wir vermuten, dass sie die Ursache für die Variationen in den beobachteten Messungen ist.

3.2.4 Berücksichtigung des territorialen Kontexts

Historisch wurden politische Haltungen vor allem anhand individueller oder institutioneller Faktoren analysiert, die auf die jeweilige Studie zugeschnitten waren. Territoriale und kontextuelle Aspekte wurden hingegen nicht immer in gleichem Maße berücksichtigt.

Neuere Entwicklungen in der Literatur zur „Geografie der Unzufriedenheit" eröffnen eine neue Perspektive. Sie legen nahe, dass bestimmte Zustände von Unzufriedenheit und Unruhen aus spezifischen Gebieten heraus entstehen können, die sich als marginalisiert wahrnehmen. Je nach Kontext können diese Gebiete unterschiedliche Merkmale aufweisen.

Vor diesem Hintergrund regen aktuelle Beiträge dazu an, die Bedeutung des territorialen Kontexts für das bürgerschaftliche Engagement neu zu überdenken. Diese Beiträge gehen über die klassische Untersuchung der Stadt-Land-Kluft hinaus und beziehen neue Ansätze ein, die auf Lebensverläufen, Gefühlen und Erfahrungen in verschiedenen Regionen, Städten oder Stadtteilen basieren.

3.2.4.1 Zentrum-Peripherie-Kluft

Obwohl das Konzept des Territoriums in der Politikwissenschaft keineswegs neu ist, gibt es vielfältige methodische Ansätze, um räumliche Muster politischer Unzufriedenheit zu erkennen.

Wie bereits erwähnt, stützt sich unsere Studie auf eine subnationale Stichprobe, die eine lokale Abbildung von zehn spezifischen Gemeinden liefert. Diese Gemeinden machen zusammen 70 % der Gesamtbevölkerung der Region aus. Es ist wichtig zu betonen, dass sich unsere Stichprobe ausschließlich auf die städtischen Gebiete dieser Gemeinden bezieht; Befragte aus ländlichen Regionen sind nicht enthalten. Angesichts dieser Stichprobenbeschränkungen war eine unserer ersten explorativen Perspektiven die klassische Zentrum-Peripherie-Kluft.

In unserem spezifischen Kontext lassen sich drei Gemeinden dem politischen „Zentrum" zuordnen,[1] während sieben Gemeinden zur politischen „Peripherie" zählen. Diese Einteilung ergibt sich aus der ausgeprägten intraregionalen Zentralisierung in der Region. Im vergangenen Jahrzehnt haben die Spannungen zugenommen, insbesondere in den peripheren Gemeinden, von denen einige den Wunsch geäußert haben, sich von Valparaíso abzuspalten und eine neue Region zu gründen, die vorläufig als „Region Aconcagua" bezeichnet wird.

Während Abb. 3.5 die geografische Verteilung dieser Städte veranschaulicht, zeigt Tab. 3.8 einige demografische Merkmale, insbesondere die Einwohnerzahl und deren Anteil an der Gesamtbevölkerung der Region. Wie ersichtlich ist, sind mit Ausnahme von Concón – einem wohlhabenden Gebiet – die peripheren Gemeinden tendenziell bevölkerungsärmer.

Dennoch ist zu betonen, dass die Unterscheidung zwischen Zentrum und Peripherie nicht zwangsläufig mit anderen sozioökonomischen Faktoren korreliert. Diese Ungleichheiten sind vielmehr auf politische, historische und kulturelle Aspekte zurückzuführen, die durch den in Chile vorherrschenden intraregionalen Zentralismus geprägt sind. Typischerweise berichten Bewohner der Peripherie, dass politische Entscheidungen, die sie betreffen, entweder in Santiago (der nationalen Hauptstadt) oder in Valparaíso (der regionalen Hauptstadt) getroffen werden, wodurch sie von subnationalen Angelegenheiten ausgeschlossen bleiben.

Die Abb. 3.6, 3.7 und 3.8 zeigen Indikatoren zu Bevölkerung, Armut und Beschäftigung für jede der zehn in die Stichprobe einbezogenen Gemeinden. Obwohl eine gewisse territoriale Heterogenität besteht, unterscheiden diese Indikatoren nicht eindeutig zwischen den drei Städten des Zentrums und den übrigen. So weist beispielsweise Concón (Zentrum) niedrige Armutsraten auf, im Gegensatz zu Valparaíso (Zentrum). Umgekehrt verzeichnet Los Andes (Peripherie) hohe Beschäftigungsquoten, anders als Quilpué (Peripherie).

Zusammenfassend ist es im chilenischen Kontext angebracht, politische Haltungen anhand der Zentrum-Peripherie-Dichotomie zu analysieren, da sie die zugrunde liegenden territorialen und politischen Dynamiken widerspiegelt.

---

[1] Neben der Konurbation Viña del Mar–Valparaíso (Regionalhauptstadt) wurde auch die Stadt Concón als politisches Zentrum betrachtet. Letztere grenzt an die Hauptkonurbation und hat in den letzten Jahrzehnten wohlhabende Bevölkerungsgruppen angezogen.

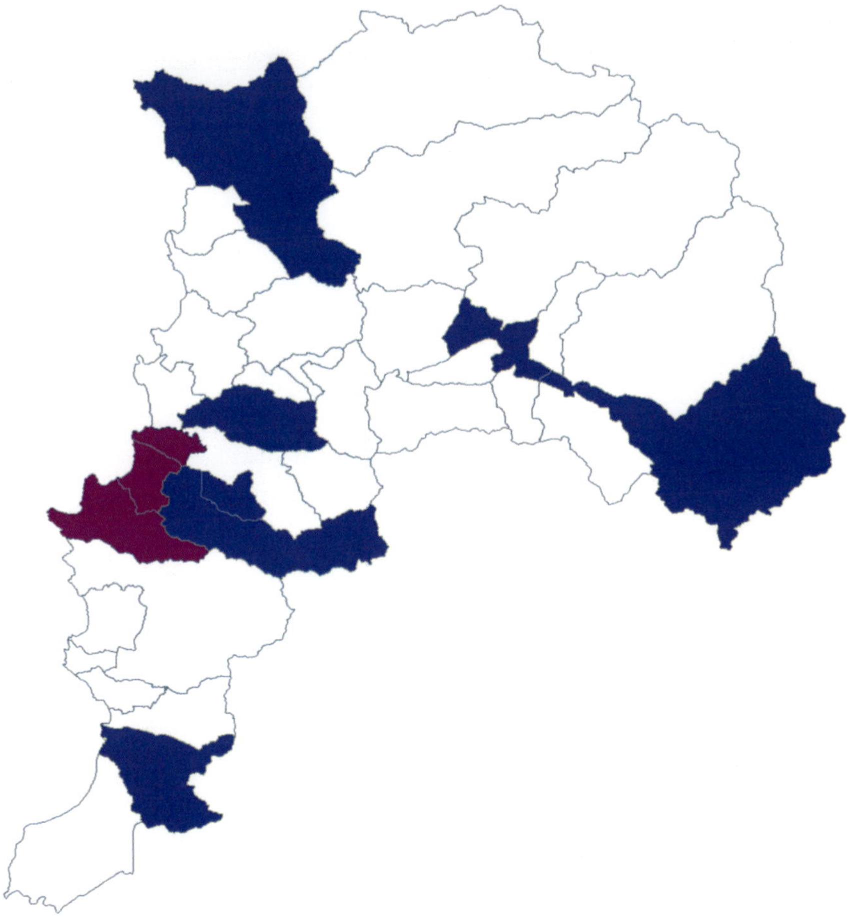

Abb. 3.5 Politisches Zentrum von Valparaíso

3.2.4.2 Unbedeutende Gegenden

Ein neuerer Zweig der Literatur zur Geografie der Unzufriedenheit bietet verschiedene Ansätze, insbesondere im europäischen und US-amerikanischen Kontext. Er hebt Regionen hervor, die einen Niedergang erlebt haben und ein Gefühl des Abgehängtseins vermitteln. Interessanterweise handelt es sich dabei nicht zwangsläufig um verarmte oder abgelegene Regionen, sondern um Gebiete, die einst florierten, heute jedoch vernachlässigt zu sein scheinen.

Dieses Konzept wird häufig mit Gebieten in Verbindung gebracht, die einen Deindustrialisierungsprozess durchlaufen haben, insbesondere in den USA (Rodríguez-Pose et al., 2021), oder in einer „Entwicklungssackgasse" gelandet sind (Diemer et al., 2022; Rodríguez-Pose et al., 2024), vor allem in Europa (Ro-

Tab. 3.8 Zentrum-Peripherie-Kluft

Gemeinde	Einwohnerzahl	% der Regionalbevölkerung	Klassifikation
Los Andes	66708	3,67	Peripherie
La Ligua	35390	1,95	Peripherie
Quillota	90517	4,98	Peripherie
San Antonio	91350	5,03	Peripherie
San Felipe	76844	4,23	Peripherie
Concón	42152	2,32	Zentrum
Valparaíso	296655	16,34	Zentrum
Viña del Mar	334248	18,41	Zentrum
Quilpué	151708	8,35	Peripherie
Villa Alemana	126548	6,97	Peripherie
Gesamt		100	

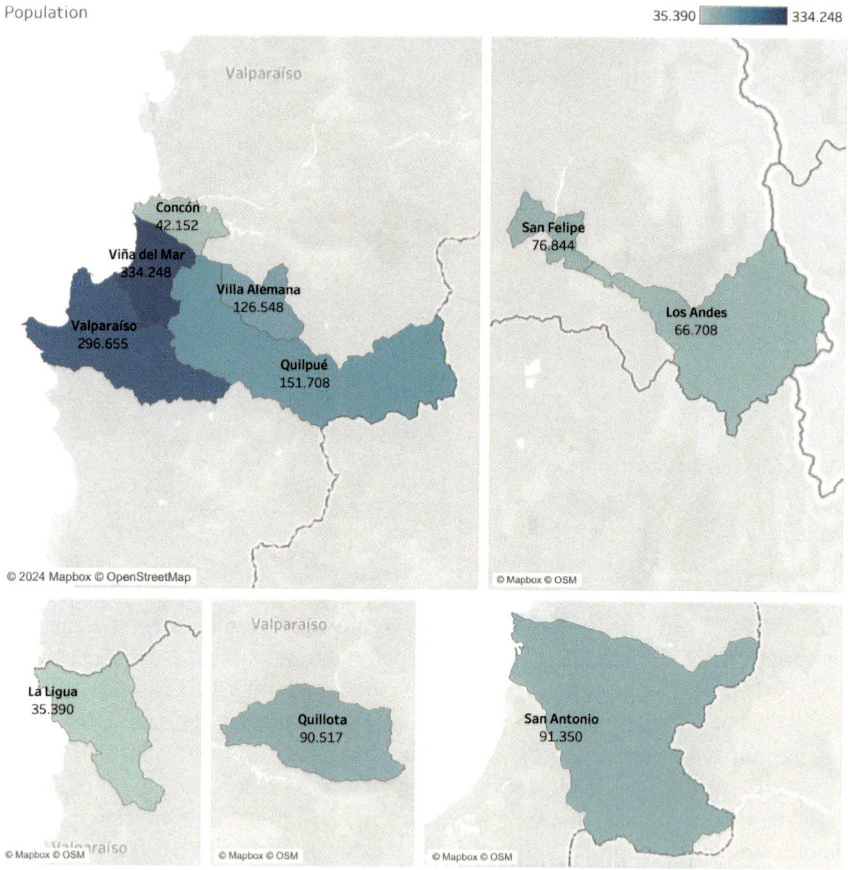

Abb. 3.6 Bevölkerung der untersuchten Städte in der Region Valparaíso

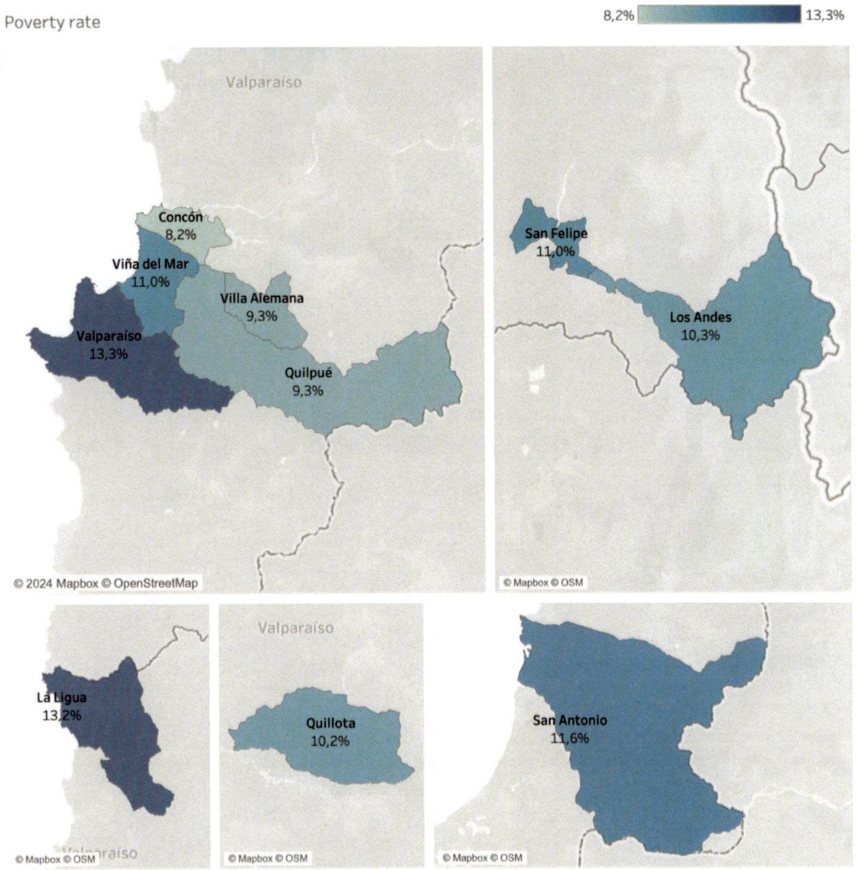

Abb. 3.7 Armut in den untersuchten Städten der Region Valparaíso

dríguez-Pose et al., 2023). Die direkte Übertragung dieser Konzepte auf lateinamerikanische Kontexte, insbesondere auf Chile, ist jedoch nicht ohne Weiteres möglich. Das Gefühl der „Vernachlässigung" in Schwellenländern weist möglicherweise Nuancen auf, die einen direkten Vergleich erschweren.

Chile steht vor eigenen Herausforderungen, insbesondere dem Mangel an detaillierten sozioökonomischen Daten auf Quartiersebene. Als Alternative zur Identifikation der „unbedeutenden Orte" greifen wir auf das Bildungsniveau der Haushaltsvorstände zurück. Durch den Einsatz räumlicher Autokorrelationsverfahren lassen sich bestimmte Cluster identifizieren. Konkret wurde der Local Moran's I verwendet, um Gegenden zu bestimmen, in denen Haushalte mit geringerem Bildungsniveau der Haushaltsvorstände dominieren. Diese spezifischen Gegenden sind in den Abb. 3.9 und 3.10 pink markiert.

Ein wichtiger Unterschied, den es zu beachten gilt, ist, dass diese identifizierten Gebiete nicht zwangsläufig Vulnerabilität bedeuten. In Chile und weiten

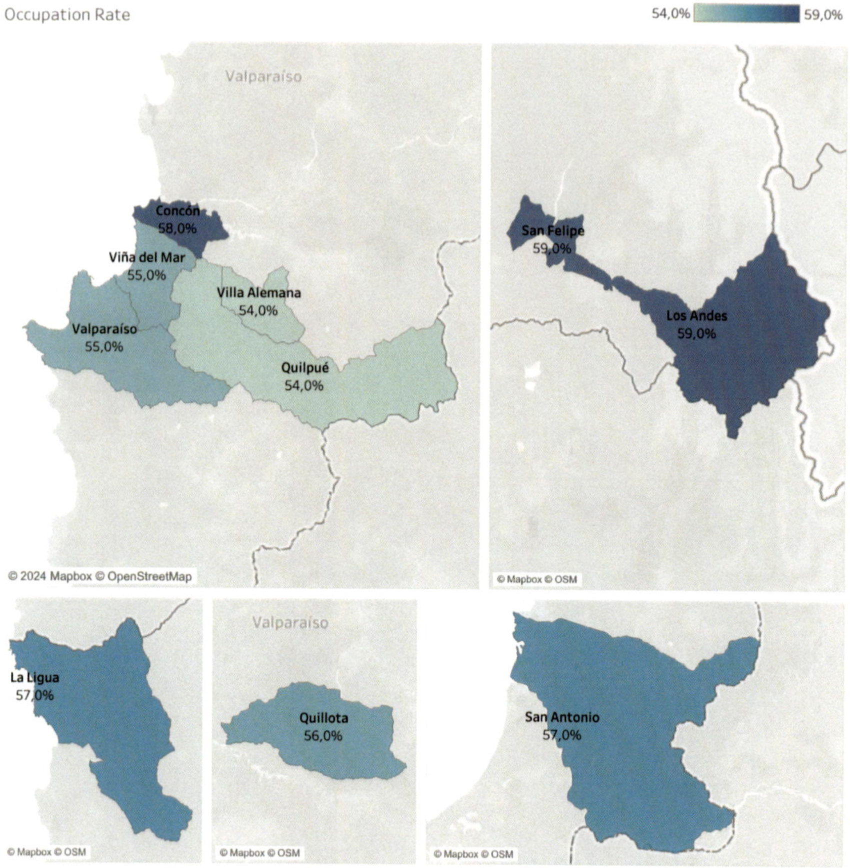

Abb. 3.8 Beschäftigungsquote in den untersuchten Städten der Region Valparaíso

Teilen Lateinamerikas wird Vulnerabilität häufig mit informellen Siedlungen oder „Slums“ assoziiert. Trotz materieller Defizite erfahren diese Siedlungen jedoch nicht zwangsläufig Vernachlässigung. Im Gegenteil: Informelle Siedlungen in Chile erhalten oft regelmäßige staatliche Unterstützung, Hilfe von Nichtregierungsorganisationen und Unterstützung aus der Gesellschaft. Diese Gebiete, in den Abb. 3.9 und 3.10 grün markiert, stehen in deutlichem Kontrast zu den pink dargestellten Vierteln, die durch Haushalte mit geringerem Bildungsniveau der Haushaltsvorstände geprägt sind. Diese Unterscheidung entspricht dem Konzept der „unbedeutenden Orte“ und verweist auf Gebiete, die nicht unbedingt arm sind, sich aber übersehen oder abgewertet fühlen.

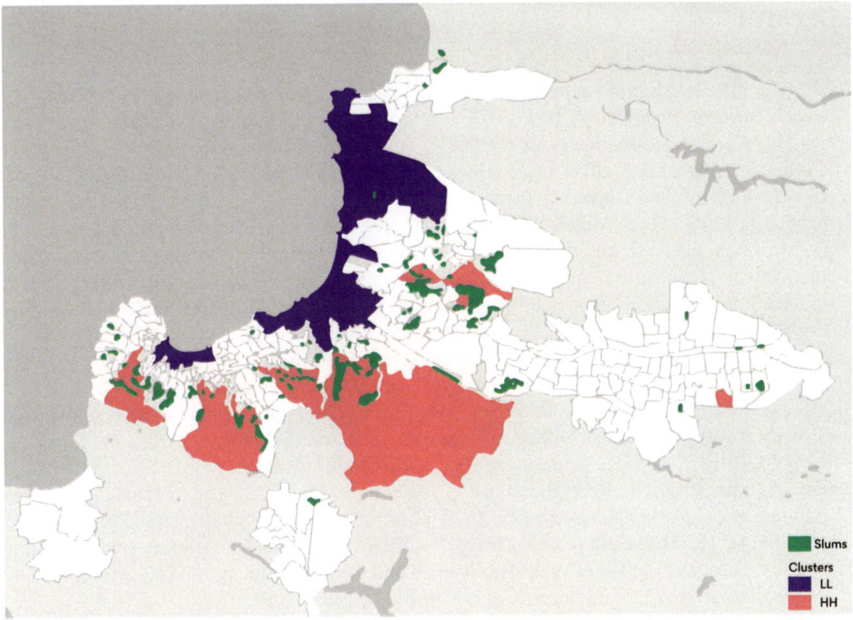

Abb. 3.9 Konzentration von niedrigem Bildungsniveau (pink) und informellen Siedlungen (grün) in Valparaíso, Viña del Mar, Concón, Villa Alemana und Quilpué

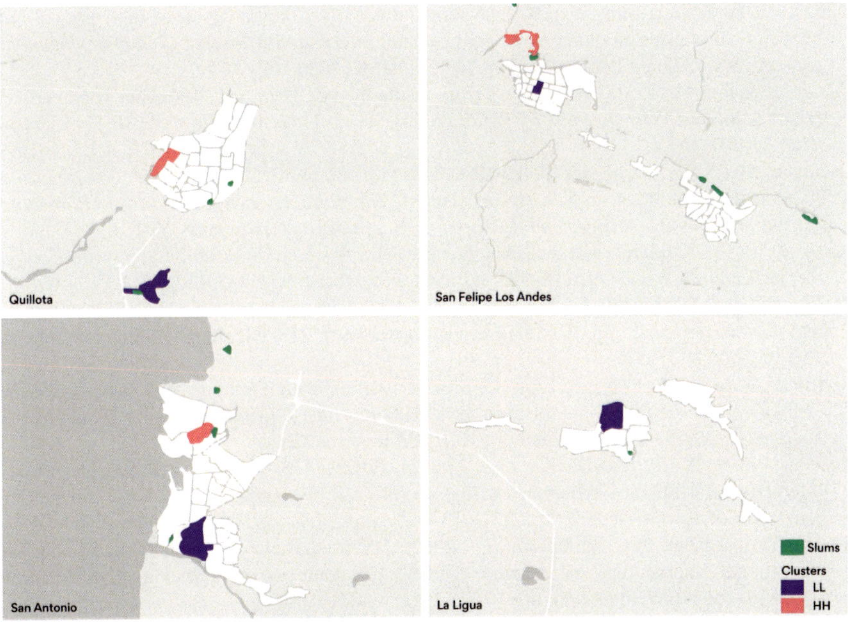

Abb. 3.10 Konzentration von niedrigem Bildungsniveau (pink) und informellen Siedlungen (grün) in San Felipe, Los Andes, Quillota, San Antonio und La Ligua

Literatur

Balch, G. I. (1974). Multiple indicators in survey research: The concept "Sense of Political Efficacy". *Political Methodology,1*(2), 1–43. http://www.jstor.org/stable/25791375.

Bollen, K. A., Rabe-Kesketh, S., & Skrondal, A. (2008). Structural equation models. In D. Collier & J. M. Box-Steffensmeier (Hrsg.), *The Oxford handbook of political methodology* (S. 432–455). Oxford University Press.

Campbell, A., Gurin, G., & Miller, W. E. (1954). *The voter decides*. Row, Peterson & Co.

Chan, M., Chen, H.-T., & Lee, F. L. F. (2016). Examining the roles of mobile and social media in political participation: A cross-national analysis of three Asian societies using a communication mediation approach. *New Media & Society,19*(12), 2003–2021. https://doi.org/10.1177/1461444816653190.

Coverse, P. E. (1972). Change in the American electorate. In A. Campbell & P. E. Converse (Hsrg.), *The human meaning of social change*. Russell Sage Foundation.

Diehl, T., Weeks, B. E., & Gil de Zúñiga, H. (2016). Political persuasion on social media: Tracing direct and indirect effects of news use and social interaction. *New Media & Society,18*(9), 1875–1895. https://doi.org/10.1177/1461444815616224.

Diemer, A., Iammarino, S., Rodríguez-Pose, A., & Storper, M. (2022). The regional development trap in Europe. *Economic Geography*, 1–23. https://doi.org/10.1080/00130095.2022.2080655.

Gil de Zúñiga, H., Molyneux, L., & Zheng, P. (2014). Social media, political expression, and political participation: Panel analysis of lagged and concurrent relationships. *Journal of Communication,64*(4), 612–634. https://doi.org/10.1111/jcom.12103.

Hansen, K. M., & Tue Pedersen, R. (2014). Campaigns matter: How voters became knowledgeable and efficacious during election campaigns. *Political Communication,31*(2), 303–324. https://doi.org/10.1080/10584609.2013.815296.

Hyun, K. D., & Kim, J. (2015). Differential and interactive influences on political participation by different types of news activities and political conversation through social media. *Computers in Human Behavior,45*, 328–334. https://doi.org/10.1016/j.chb.2014.12.031.

Kim, J. W., Park, S., & Sang, Y. (2020). A longitudinal study on the effects of motivational mobile application uses on online news engagement. *International Journal of Mobile Communications,18*(3), 327–342. https://doi.org/10.1504/IJMC.2020.107103.

Lupia, A., & Philpot, T. S. (2005). Views from inside the net: How websites affect young adults' political interest. *The Journal of Politics,67*(4), 1122–1142. https://doi.org/10.1111/j.1468-2508.2005.00353.x.

Oskarson, M. (2007). Social risk, policy dissatisfaction and political alienation: A comparison of six European countries. In S. Svallfors (Hrsg.), *The political sociology of the welfare state: Institutions, social cleavages and orientations*. Stanford University Press.

Purdy, S. J. (2017). Internet use and civic engagement: A structural equation approach. *Computers in Human Behavior,71*, 318–326. https://doi.org/10.1016/j.chb.2017.02.011.

Rodríguez-Pose, A., Dijkstra, L., & Poelman, H. (2024). The geography of EU discontent and the regional development trap. *Economic Geography,100*(3), 213–245. https://doi.org/10.1080/00130095.2024.2337657.

Rodríguez-Pose, A., Lee, N., & Lipp, C. (2021). Golfing with Trump. Social capital, decline, inequality, and the rise of populism in the US. *Cambridge Journal of Regions, Economy and Society,14*(3), 457–481. https://doi.org/10.1093/cjres/rsab026.

Rodríguez-Pose, A., Terrero-Dávila, J., & Lee, N. (2023). Left-behind versus unequal places: Interpersonal inequality, economic decline and the rise of populism in the USA and Europe. *Journal of Economic Geography,23*(5), 951–977. https://doi.org/10.1093/jeg/lbad005.

Stoycheff, E., Nisbet, E. C., & Epstein, D. (2016). Differential effects of capital-enhancing and recreational Internet use on citizens' demand for democracy. *Communication Research*, 0093650216644645. https://doi.org/10.1177/0093650216644645.

Strömbäck, J., & Shehata, A. (2010). Media malaise or a virtuous circle? Exploring the causal relationships between news media exposure, political news attention and political interest.

European Journal of Political Research,49(5), 575–597. https://doi.org/10.1111/j.1475-6765.2009.01913.x.

Tang, J., Ren, H., & Folmer, H. (2020). Chapter 5: Subjective wellbeing as valuation system of environmental quality: An environmental social sciences approach. In D. Maddison, K. Rehdanz, & H. Weolsch (Hrsg.), *Handbook on wellbeing.* Happiness and the Environment: Elgar.

Torcal, M. (2006). Desafección institucional e historia democrática en las nuevas democracias. *Revista SAAP, 2*(3), 591–634.

Yang, H.C.., & DeHart, J. L. (2016). *Social media use and online political participation among college students during the US election 2012* (S. 1–18). Januar–March: Social Media + Society.

Zhang, W., Johnson, T. J., Seltzer, T., & Bichard, S. L. (2010). The revolution will be networked: The influence of social networking sites on political attitudes and behavior. *Social Science Computer Review,28*(1), 75–92. https://doi.org/10.1177/0894439309335162.

Kapitel 4
Ergebnisse und Diskussion

Zusammenfassung In diesem Kapitel beleuchten wir die vielfältigen Dimensionen der digitalen Kluft, die Auswirkungen territorialer Dynamiken und die Entstehung politischen Unmuts. Erste Ergebnisse deuten darauf hin, dass digitale Ungleichheiten die politische Selbstwirksamkeit im Internet nachhaltig prägen. Diese neue Einstellung bewertet, ob die digitale Welt politische Systeme zugänglicher macht, und argumentiert, dass sie eine neue Perspektive auf die demokratisierende Rolle des Internets eröffnet. Bemerkenswert ist die Bedeutung territorialer Faktoren: Diejenigen, die weiter von politischen Zentren entfernt sind, fühlen sich in öffentlichen Angelegenheiten weniger kompetent, durch das Internet stärker befähigt. Anschließend untersuchen wir die Geografie des Unmuts und konzentrieren uns auf Gefühle wie Verlassenheit, Frustration und Ressentiment. Aus der Perspektive der externen Wirksamkeit, verstanden als Wahrnehmung der Reaktionsfähigkeit des Systems, gewinnen wir Einblicke in das Empfinden von politischer Vernachlässigung, insbesondere in „Orten, die keine Rolle spielen". Unsere empirischen Ergebnisse zeigen, dass Regionen mit einem niedrigeren Bildungsniveau der Haushaltsvorstände ein geringeres Vertrauen in die Reaktionsfähigkeit des politischen Systems aufweisen. Interessanterweise zeigen sich individuelle sozioökonomische Faktoren in einer kontraintuitiven Weise, was die Notwendigkeit eines ganzheitlichen, räumlichen Ansatzes zur Untersuchung von Unzufriedenheit unterstreicht. Abschließend geben wir erste Einblicke in die Untersuchung politischer Frustration und Ressentiments. Insgesamt bietet dieses Kapitel ein differenziertes Verständnis dafür, wie digitale Kluft, territoriale Disparitäten und emotionale Politik bei politischem Verhalten zusammenwirken.

Schlüsselwörter Geografie der Unzufriedenheit · Politische Haltung · Chile · Territoriale Ungleichheit · Digitale Ungleichheit

P. Fierro et al., *Verlassene Orte im digitalen Zeitalter*,
https://doi.org/10.1007/978-3-032-07488-1_4

4.1 Politische Haltungen und digitale Plattformen

In der heutigen Welt wäre es ein Versäumnis, gesellschaftliche Unzufriedenheit zu analysieren, ohne die digitale Öffentlichkeit zu berücksichtigen. Insbesondere ist die Bewertung des Einflusses digitaler Medien auf das politische Engagement von zentraler Bedeutung. Obwohl zu diesem Thema bereits viel publiziert wurde, konzentriert sich unsere Diskussion hier auf den Einfluss von Social-Media-Plattformen auf die Zunahme an politischer Entfremdung – eine spezifische Ausprägung dieser Unzufriedenheit.

Wie in Abb. 4.1 und Tab. 4.1 dargestellt, unterstreichen unsere auf einer Vorstudie von Fierro et al. (2023a) basierenden Ergebnisse die Notwendigkeit eines differenzierten Ansatzes bei der Analyse des Einflusses sozialer Medien auf politische Haltungen im Zusammenhang mit Entfremdung. Die zivilgesellschaftliche Nutzung digitaler Plattformen – die sowohl Informations- als auch politische Nutzung umfasst – korreliert positiv mit diesen Einstellungen. Im Kern fühlen sich Personen, die soziale Medien zu zivilgesellschaftlichen Zwecken nutzen, politisch kompetenter und nehmen das politische System als responsiver wahr.

Diese Beziehung zwischen der Nutzung sozialer Medien und politischer Entfremdung verändert sich jedoch, wenn die nicht zivilgesellschaftliche Nutzung

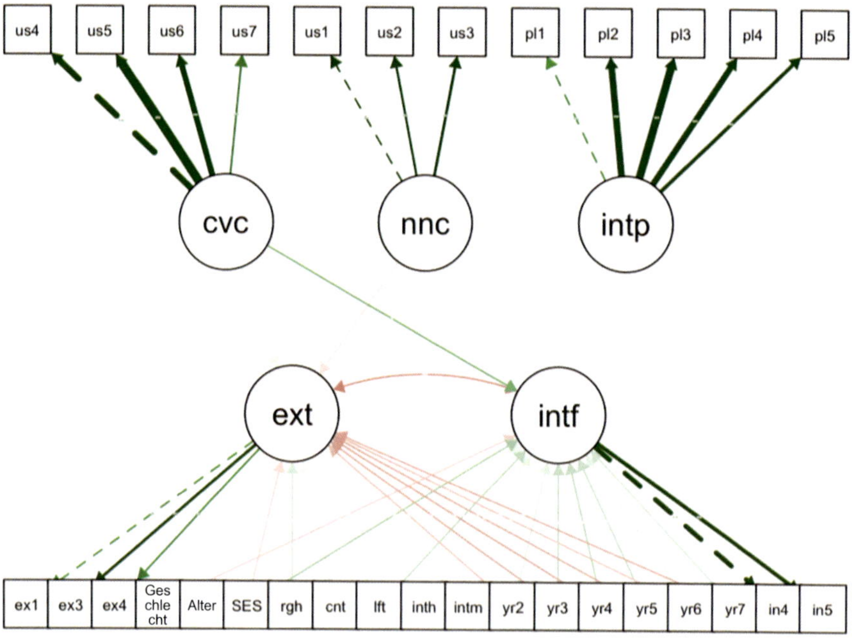

Abb. 4.1 Strukturgleichungsmodell der klassischen politischen Wirksamkeit. *Hinweis* Diese Ergebnisse basieren auf Fierro et al. (2023b). In diesem Beispiel wurden Daten von 2017 bis 2023 einbezogen.

Tab. 4.1 Strukturgleichungsmodell für klassische politische Wirksamkeit

		Interne Wirksamkeit	Externe Wirksamkeit
Demografie	Geschlecht	−0,156***	−0,021
		(0,021)	(0,017)
	Alter	0,001	−0,000
		(0,001)	(0,001)
	Sozioökonomischer Status	0,138***	−0,039***
		(0,011)	(0,009)
Ideologie	Rechts	0,100**	0,118***
		(0,032)	(0,026)
	Zentrum	0,091**	0,063*
		(0,035)	(0,029)
	Links	0,259***	0,034
		(0,028)	(0,023)
Internetzugang	Zuhause	0,101**	0,002
		(0,029)	(0,024)
	Mobil	0,074*	−0,041
		(0,038)	(0,031)
Nutzung sozialer Medien	Zivilgesellschaftlich	0,174***	0,015*
		(0,008)	(0,006)
	Nicht zivil-gesellschaftlich	−0,001	−0,031**
		(0,013)	(0,011)
Jahr	2018	0,130**	−0,238***
		(0,043)	(0,036)
	2019	0,230***	−0,316***
		(0,041)	(0,034)
	2020	0,257***	−0,345***
		(0,041)	(0,035)
	2021	0,234***	−0,316***
		(0,041)	(0,035)
	2022	0,114**	−0,223***
		(0,041)	(0,034)
	2023	0,193***	−0,312***
		(0,041)	(0,035)

Anmerkung Standardfehler in (). p-Wert < 0,05*; p-Wert < 0,005**; p-Wert < 0,001***. Diese Ergebnisse basieren auf Fierro et al. (2023b). In diesem Beispiel wurden Daten von 2017 bis 2023 einbezogen.

betrachtet wird – eine Kategorie, die Freizeit- und soziale Aktivitäten umfasst. Hier wird der Zusammenhang zwischen der Nutzung sozialer Medien und externer Wirksamkeit negativ. Konkret bedeutet dies, dass Personen, die soziale Medien hauptsächlich zur Unterhaltung oder zum sozialen Austausch nutzen, eher das Gefühl haben, dass das politische System ihre Bedürfnisse nicht berücksichtigt, was sich in einem verstärkten Gefühl politischer Entfremdung widerspiegelt.

Diese Erkenntnisse zwingen uns dazu, die Rolle sozialer Netzwerke bei der Begünstigung von Entfremdung neu zu bewerten. Die unterschiedliche Nutzung dieser Plattformen könnte die bereits bestehende Kluft zwischen Zufriedenen und Enttäuschten im System weiter vertiefen.

Über diese Befunde hinaus ist die Bedeutung weiterer Einflussfaktoren hervorzuheben. So zeigen unsere Daten beispielsweise, dass Frauen sich seltener als politisch kompetent einschätzen. Ebenso ist der Einfluss des sozioökonomischen Status bemerkenswert: Personen mit niedrigerem sozioökonomischem Status fühlen sich zwar weniger politisch kompetent, haben aber gleichzeitig das Gefühl, dass das System ihre Bedürfnisse berücksichtigt. Darüber hinaus korreliert die politische Ausrichtung – ob links oder rechts – positiv mit beiden Formen der Wirksamkeit, was auf eine stärkere politische Verbindung hindeutet.

4.2 Territoriale Perspektive auf die digitale Kluft

In der Literaturübersicht haben wir das Konzept der digitalen Kluft eingeführt, das die Unterschiede zwischen jenen beschreibt, die von den Vorteilen des Internets und des digitalen Raums profitieren, und jenen, die dies nicht tun.

Es gibt eine Vielzahl von Ansätzen zur Untersuchung der digitalen Kluft und digitaler Ungleichheiten, die jeweils einzigartige und wertvolle Erkenntnisse liefern. Wie bereits erwähnt, hat die jüngste Diskussion den Begriff der „Online Political Efficacy" (politische Wirksamkeit im Internet) geprägt, ein Konzept, das speziell darauf zugeschnitten ist, das durch digitale Plattformen ermöglichte politische Empowerment zu erfassen. Konkret versucht dieser neuartige Ansatz zu beurteilen, ob das politische System durch das Internet zugänglicher und reaktionsfähiger wird und dadurch den Wert politischen Handelns steigert.

Mit dem Blickwinkel der politischen Wirksamkeit im Internet wird es möglich, die langjährige Debatte über die demokratisierende Rolle des Internets neu zu bewerten und dabei eine territoriale Komponente einzubeziehen.

Vor dem Hintergrund des Zentrums-Peripherie-Gegensatzes zeigen Abb. 4.2 und Tab. 4.2 die Ergebnisse eines Strukturgleichungsmodells, das alle Formen politischer Wirksamkeit – intern, extern und online – erfasst (Fierro et al. 2023a). Bemerkenswert ist, dass diese Ergebnisse darauf hindeuten, dass das Leben in der politischen Peripherie mit einer geringeren internen Wirksamkeit einhergeht. Dies legt nahe, dass sich Personen, die geografisch vom politischen Zentrum entfernt sind, weniger befähigt fühlen, sich in öffentlichen Belangen einzubringen, was gemäß unseren Definitionen zu einer stärkeren politischen Entfremdung führt. Gleichzeitig nehmen gerade diese Personen wahr, dass ihnen das Internet ein besseres Verständnis und mehr Einflussmöglichkeiten im System verschafft.

Diese Befunde rücken die besonderen territorialen Dynamiken in den Fokus, die durch innerregionale Zentralisierung geprägt sind. In einem Kontext, in dem sich die meisten Entwicklungen auf die Regionalhauptstadt konzentrieren, tritt das Internet als Integrationsmotor für politisch marginalisierte Gebiete in Erscheinung. Aufbauend auf dieser Beobachtung lässt sich die grundlegende Debatte neu aufrollen: Dient das Internet als einigendes Instrument oder verstärkt

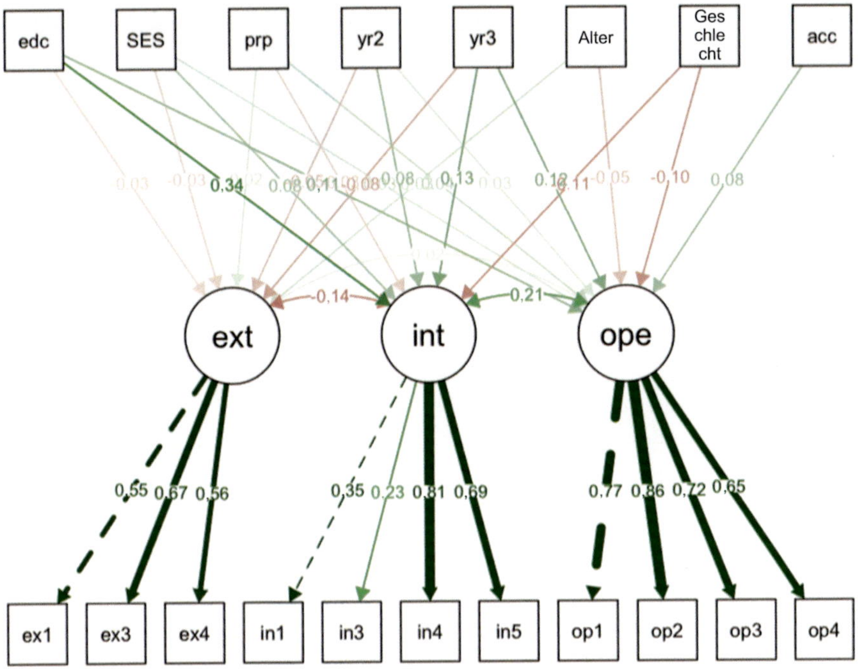

Abb. 4.2 Strukturgleichungsmodell zur politischen Wirksamkeit im Internet. *Hinweis* Diese Ergebnisse basieren auf Fierro et al. (2023a). Einzelne Ergebnisse können aufgrund unterschiedlicher Software und Spezifikationen leicht abweichen.

es lediglich bestehende Machtverhältnisse? Während die Evidenz aus dem vorangegangenen Abschnitt eher Letzteres nahelegt, deutet die Einbeziehung einer territorialen Perspektive darauf hin, dass die Situation differenzierter ist als bislang angenommen.

4.3 Orte, die nicht zählen, und das Gefühl des Verlassenseins

In unseren vorangegangenen Ausführungen haben wir das Konzept der externen Wirksamkeit als Wahrnehmung der Systemreaktionsfähigkeit eingeführt. Dies bezieht sich auf die Überzeugung einer Person, dass das politische System empfänglich und reaktionsfähig gegenüber den Forderungen der Bürgerinnen und Bürger ist. Interessanterweise stimmt diese Definition gut mit der Literatur zur Geografie der Unzufriedenheit überein, die häufig mit Gefühlen des Verlassenseins in Verbindung gebracht wird. Daher lässt sich ableiten, dass Bürgerinnen und Bürger, die in den „Orten, die nicht zählen" leben, theoretisch ein geringeres Maß an externer Wirksamkeit aufweisen.

Tab. 4.2 Strukturgleichungsmodell für klassische Wirksamkeit und politische Wirksamkeit im Internet

		Interne Wirksamkeit	Externe Wirksamkeit	Politische Wirksamkeit im Internet
Territorium	Peripherie	−0,031*	0,026	0,074*
		(0,016)	(0,025)	(0,031)
Demografie	Geschlecht	−0,104***		−0,186***
		(0,016)		(0,032)
	Alter		0,001	−0,003**
			(0,001)	(0,001)
	Bildung	0,062***	−0,007	0,043***
		(0,006)	(0,008)	(0,010)
	Sozioökonomischer Status	0,033**	−0,017	0,025
		(0,011)	(0,017)	(0,022)
Internetzugang	Allgemeiner Zugang			0,079***
				(0,019)
Jahr	2019	0,079***	−0,063**	0,049
		(0,019)	(0,031)	(0,038)
	2020	0,128***	−0,103*	0,239***
		(0,020)	(0,031)	(0,039)

Anmerkung Standardfehler in (). p-Wert < 0,05*; p-Wert < 0,005**; p-Wert < 0,001***. Diese Ergebnisse basieren auf Fierro et al. (2023a). Einige Ergebnisse können aufgrund der Verwendung unterschiedlicher Software und Spezifikationen leicht abweichen.

Der Zusammenhang zwischen territorialen Merkmalen und Gefühlen des Verlassenseins wird zwar in der aktuellen Literatur häufig thematisiert, ist jedoch bislang empirisch nicht umfassend untersucht worden. Die folgenden Ergebnisse gehen dieser Beziehung nach und bieten eine haltungsbezogene Perspektive auf die Geografie der Unzufriedenheit.

Für die weitere Analyse haben wir diese „Orte, die nicht zählen" als Gebiete identifiziert, in denen sich Familien mit Haushaltsvorständen mit niedrigem Bildungsniveau konzentrieren. Wie zuvor erläutert, stellt dies angesichts der Besonderheiten unserer Fallstudie ein nützliches Kriterium dar, um Orte zu bestimmen, die übersehen wurden, auch wenn sie nicht zwangsläufig die am stärksten benachteiligten sind.

Die in Tab. 4.3 dargestellten Ergebnisse sind sowohl robust als auch aufschlussreich. Tatsächlich berichten Bewohnerinnen und Bewohner von Gebieten, in denen Familien mit Haushaltsvorständen mit niedrigerem Bildungsniveau leben, tendenziell von geringerer externer Wirksamkeit. Mit anderen Worten: Sie sind eher der Ansicht, dass das System nicht auf ihre Bedürfnisse reagiert. Interessanterweise zeigt der sozioökonomische Status des Einzelnen eine umgekehrte Beziehung. Mit abnehmendem sozioökonomischem Niveau steigt die externe Wirksamkeit. Ein weiterer bemerkenswerter Punkt ist, dass – im Gegensatz zur territorialen Variable des Bildungsniveaus des Haushaltsvorstands – das individuelle Bildungsniveau der

Tab. 4.3 Strukturgleichungsmodell für externe Wirksamkeit

		EPE
Demografische Merkmale	Alter	0,037*
		(0,019)
	Sozioökonomischer Status	−0, 57*
		(0,023)
	Geschlecht	0,031†
		(0,018)
	Bildung (individuell)	−0, 036
		(0,024)
Territorial	Peripherie	0,057**
		(0,019)
	Extreme Armut	−0, 01
		(0,019)
Nachbarschaft	Niedrige Bildung	−0, 056**
		(0,018)
Jahr	2020	−0, 023
		(0,021)
	2021	0,019
		(0,021)

Anmerkung Standardfehler in (). p-Wert < 0,05*; p-Wert < 0,005**; p-Wert < 0,001***; p-Wert < 0,1†. Diese Ergebnisse sind berichtet in Fierro et al. (2024)

Befragten in unserem Modell nicht signifikant mit der Wahrnehmung der Systemreaktionsfähigkeit korreliert.

Wir sind der Ansicht, dass diese Befunde die Bedeutung der Analyse der Unzufriedenheit nicht nur aus individueller Sicht, sondern auch im Kontext geografischer Räume unterstreichen.

4.4 Vorläufige Ergebnisse zu Ressentiment und Frustration

In unserer Literaturübersicht haben wir uns mit der Geografie der Unzufriedenheit beschäftigt, die reich an Diskussionen über Gefühle wie Frustration, Wut, Verlassenheit und andere Emotionen ist, die aus dem Leben in bestimmten Regionen mit spezifischen Merkmalen und Geschichten entstehen. Interessanterweise untersuchen diese Studien Unzufriedenheit zwar anhand von Wahlverhalten, tauchen jedoch selten tiefer in die Ebene der Haltungen ein.

Durch die Anwendung des Konzepts der externen Wirksamkeit ist es uns gelungen, eine bestimmte Stimmung zu identifizieren, die mit Gefühlen von Verlassenheit und Übersehenwerden durch das politische System verbunden ist.

Dennoch erscheint es im Rahmen unserer Untersuchung von politischer Entfremdung – insbesondere im Kontext politischer Wirksamkeit – plausibel, zwei weitere zentrale politische Empfindungen zu betrachten: Frustration und Ressentiment.

In der Forschung zu politischen Haltungen und Verhalten herrscht weiterhin Uneinigkeit darüber, wie mit diesen Emotionen am besten umzugehen ist. Es ist jedoch offensichtlich, dass Fragen der Zeitlichkeit und der Erwartung eine Rolle spielen. Ähnlich wie beim Empfinden von Verlassenheit resultiert politische Frustration nicht ausschließlich aus absoluter Entbehrung oder materiellen Defiziten.

Die zuvor mit dem SEM-Messmodell erzielten Ergebnisse zur Generierung der Variablen externer und interner Wirksamkeit ermöglichen es uns, neue Konzepte zu berechnen. Dies ist möglich, da wir dieselben Variablen und Befragten zur Schätzung beider Wirksamkeitsvariablen verwendeten. Dadurch sind Daten über die untersuchten Jahre hinweg vergleichbar und ermöglichen, Bewertungen für Konzepte zu erstellen, die sonst schwer zu quantifizieren sind.

Unter Berücksichtigung der Erwartungskomponente betrachtet Gamsons klassische Hypothese diese Vielschichtigkeit. Laut der Neuinterpretation von Craig (1990) ergibt sich ein Szenario, in dem eine hohe interne, aber geringe externe Wirksamkeit einen fruchtbaren Boden für informelle Partizipation und Protesthandlungen bietet. Wir werden diese Neuinterpretation daher nutzen, ein anfängliches Gefühl des Frusts zu erfassen, das als Kluft zwischen externer und interner Wirksamkeit wahrgenommen wird.

Die Abb. 4.3 zeigt erste Erkenntnisse zu dieser Kluft. Die grafische Darstellung ist recht anschaulich, insbesondere im Hinblick auf die turbulenten sozialen Unruhen in Chile zwischen Ende 2019 und Anfang 2020. Gerade in diesem Zeitraum war die Diskrepanz zwischen den Wirksamkeiten am stärksten ausgeprägt.

Wie bereits dargelegt, geht es jedoch nicht nur um Erwartungen; auch die Zeitlichkeit spielt eine entscheidende Rolle. Über Gamsons Hypothese hinaus können wir zur Quantifizierung von Frustration und Ressentiment – zwei zentrale Emotionen in der Literatur zur Geografie der Unzufriedenheit – mit einer grundlegenden Unterscheidung zwischen Fluss- und Bestandsvariablen beginnen. In diesem Sinne versteht der nachfolgend in Aroca et al. (2024) ausgeführte Vorschlag Frustration als Flussvariable und Ressentiment als Bestandsvariable, die erstere akkumuliert.

Die Abb. 4.4 und 4.5 zeigen die Entwicklung beider Stimmungen im betrachteten Siebenjahreszeitraum. In diesem Zusammenhang ist bemerkenswert, dass das Ressentiment als Bestandsvariable weiter anwächst, solange die Frustration positiv bleibt. Das bedeutet, dass sich Ressentiments weiter aufbauen, obwohl die Frustration seit 2020 rückläufig ist.

Für das Jahr 2023 beobachten wir einen erneuten Anstieg der Frustration, was eine Trendwende gegenüber den Vorjahren darstellt. Dies deutet darauf hin, dass Ressentiments weiter wachsen, jedoch mit einer höheren Rate als in den Vorjahren. Eine solche Entwicklung kann potenziell zu weiteren gesellschaftlichen Verwerfungen führen, sollten diese Werte ein Niveau erreichen, bei dem die Bevölkerung das Vertrauen in die Fähigkeit der bestehenden institutionellen Kanäle verliert, ihre Erwartungen zu erfüllen.

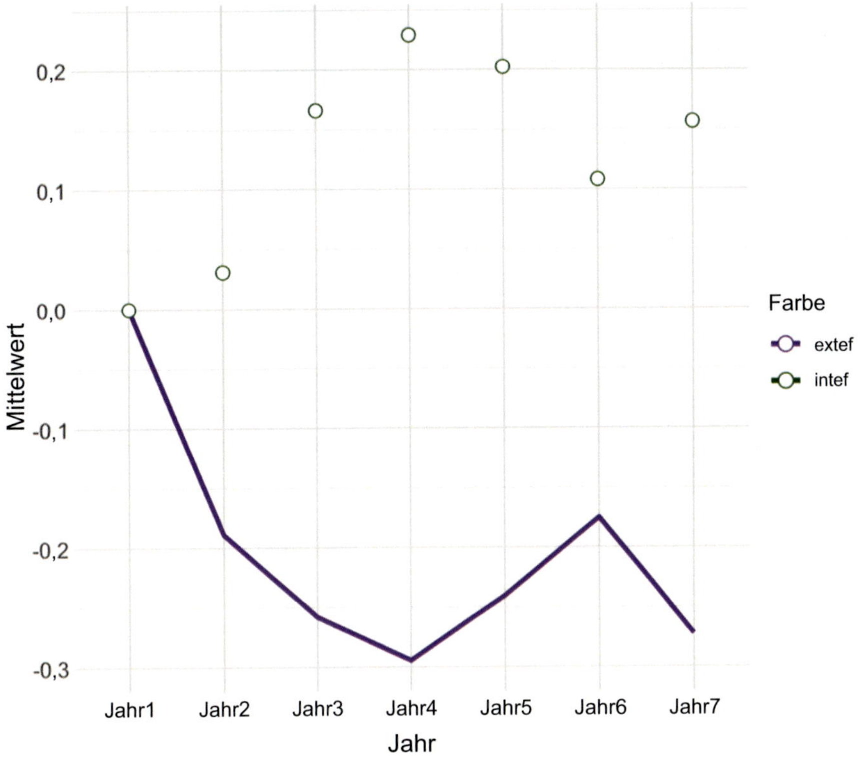

Abb. 4.3 Gamsons Hypothese. *Hinweis* Punkte stellen die Mittelwerte der internen Wirksamkeit dar, während die Linie die Mittelwerte der externen Wirksamkeit abbildet. Diese Ergebnisse basieren auf Aroca et al. (2024). In diesem Beispiel wurden Daten von 2017 bis 2023 berücksichtigt.

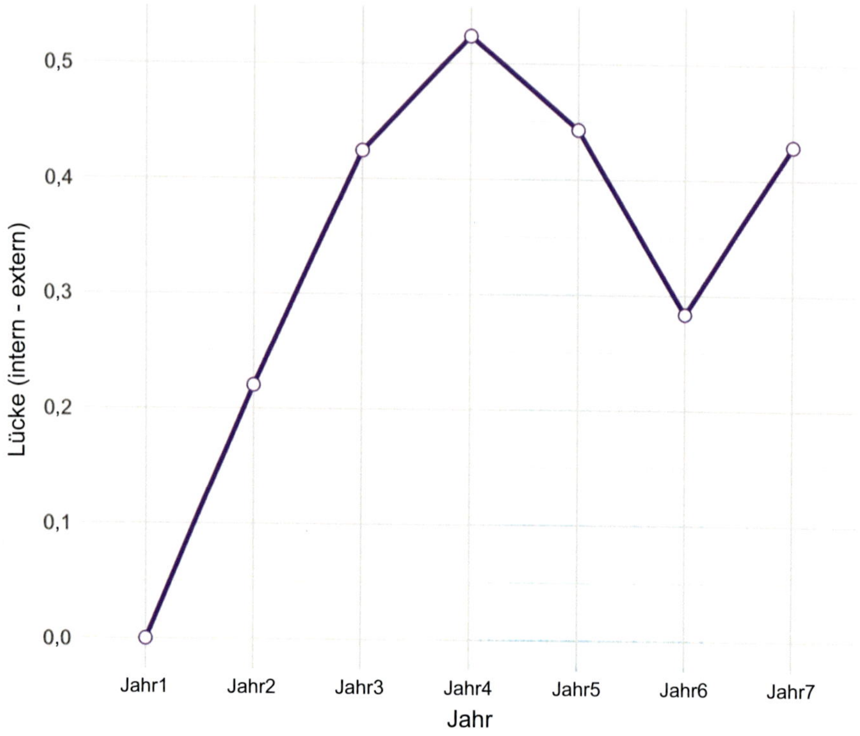

Abb. 4.4 Entwicklung der Kluft (Frustration). *Hinweis* Diese Ergebnisse basieren auf Aroca et al. (2024). In diesem Beispiel wurden Daten der Jahre 2017 bis 2023 berücksichtigt.

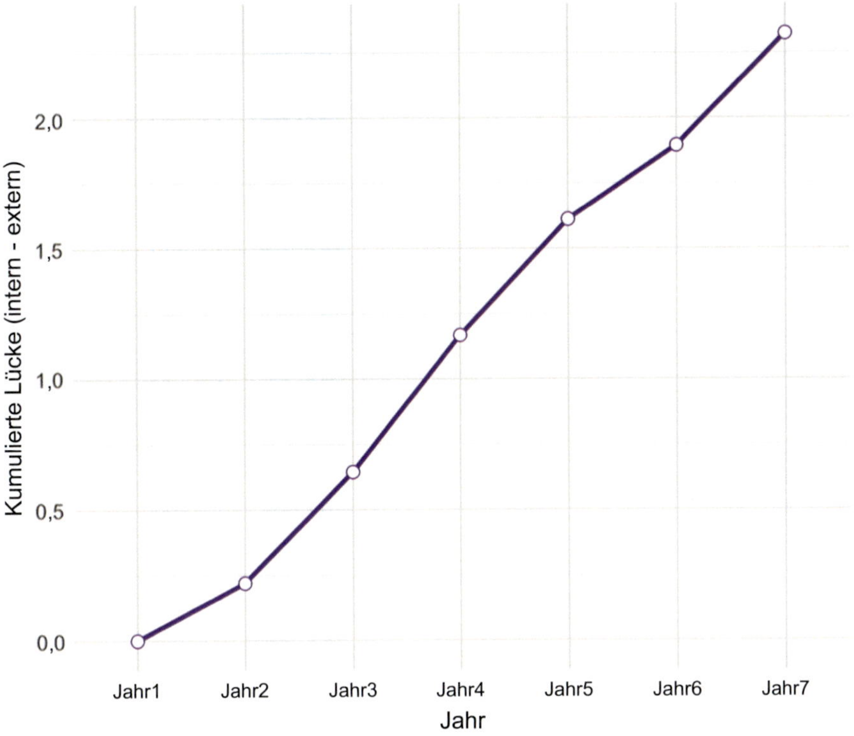

Abb. 4.5 Akkumulation der Kluft (Ressentiment). *Hinweis* Diese Ergebnisse basieren auf Aroca et al. (2024). In diesem Beispiel wurden Daten aus den Jahren 2017 bis 2023 berücksichtigt.

Literatur

Aroca, P., Fierro, P., & Sánchez-Barría, F. (2024). Frustration and resentment in politics: An application to the Chilean case. SocArXiv https://doi.org/10.31235/osf.io/ng965.

Craig, S. C., Niemi, R. G., & Silver, G. E. (1990). Political efficacy and trust: A report on the NES pilot study items. *Political Behavior, 12*(3), 289–314. http://www.jstor.org/stable/586303.

Fierro, P., Aroca, P., & Navia, P. (2023a). The center-periphery cleavage and online political efficacy (OPE): Territorial and democratic divide in Chile, 2018–2020. *New Media & Society, 25*(6), 1335–1353. https://doi.org/10.1177/14614448211019303.

Fierro, P., Aroca, P., & Navia, P. (2023b). Political disaffection in the digital age: The use of social media and the gap in internal and external efficacy. *Social Science Computer Review, 41*(5), 1857–1876. https://doi.org/10.1177/08944393221087940.

Fierro, P., Aravena-Gonzalez, I., Aroca, P., & Rowe, F. (2024). Geographies of discontent: Measuring and understanding the feeling of abandonment in the Chilean region of Valparaiso (2019–2021). *Cambridge Journal of Regions, Economy and Society,* rsae004. https://doi.org/10.1093/cjres/rsae004.

Kapitel 5
Fazit

Zusammenfassung Dieses Buch untersucht die komplexen Zusammenhänge zwischen räumlichen Ungleichheiten, politischer Unzufriedenheit und der potenziellen Rolle des Internets bei der Einbindung von Bewohnerinnen und Bewohnern politisch marginalisierter Gebiete. Am Beispiel der chilenischen Region Valparaíso bieten wir einen theoretischen und methodischen Rahmen, um den Ärger, die Frustration und das Gefühl des Verlassenseins der Bürgerinnen und Bürger zu verstehen. Unsere Studie zeigt, dass Unzufriedenheit nicht ausschließlich auf Entbehrung und Armut zurückzuführen ist, sondern auch auf schlechte Beziehungen zum öffentlichen Dienst und auf anhaltende Marginalisierung, was zu Gewalt und weiterer Isolation führt. Zur Analyse dieser Phänomene nutzten wir einen Umfragedatensatz und Strukturgleichungsmodelle, wobei sowohl der territoriale Kontext als auch die zeitliche Dimension berücksichtigt wurden. Trotz ihres bedeutenden Beitrags stößt unsere Arbeit auf Einschränkungen, beispielsweise die Verallgemeinerung der Maße externer Wirksamkeit und der Querschnittscharakter unserer Daten. Zukünftige Forschung sollte diese Lücken schließen, indem spezifischere Beziehungen zu verschiedenen Verwaltungsebenen untersucht und Längsschnittdaten verwendet werden. Die Diskussion hebt die zyklische Natur von Vernachlässigung und deren Folgen in Chile hervor, wo gesellschaftliche Unruhen zur Zerstörung von Infrastrukturen in marginalisierten Gebieten führten. Die Rolle des Internets bei der Bewältigung dieser Probleme ist komplex und erfordert die Berücksichtigung digitaler Benachteiligung sowie von Herausforderungen wie Desinformation und Polarisierung. Unsere Ergebnisse unterstreichen die Notwendigkeit eines umfassenden Ansatzes zur Integration marginalisierter Gemeinschaften in den politischen Prozess.

Schlüsselwörter Geografie der Unzufriedenheit · Politische Haltung · Chile · Territoriale Ungleichheit · Digitale Ungleichheit

P. Fierro et al., *Verlassene Orte im digitalen Zeitalter*,
https://doi.org/10.1007/978-3-032-07488-1_5

5.1 Abschließende Bemerkungen

5.1.1 *Fazit*

Ziel dieses Buchs ist es, einen theoretischen und methodischen Rahmen vorzuschlagen, um zwei zentrale Phänomene zu adressieren: das Verhältnis zwischen Raum und politischer Unzufriedenheit sowie die potenzielle Rolle des Internets bei der Einbindung von Bewohnern und Bewohnerinnen politisch marginalisierter Gebiete. Zu diesem Zweck haben wir uns auf eine spezifische Fallstudie und verschiedene praktische Herausforderungen bei der Analyse dieser Phänomene konzentriert.

Unser Framework basiert auf der Verknüpfung von Beiträgen verschiedener Disziplinen, die für das Verständnis der untersuchten Phänomene unerlässlich sind. Unsere Ausgangsanalyse stützte sich auf die Konzepte des politischen Interesses und der politischen Wirksamkeit, die in Lateinamerika – einschließlich Chile, unserem Fallbeispiel – eng mit politischer Entfremdung verbunden sind. Wir haben unsere Analyse auf das Konzept der politischen Wirksamkeit im Internet ausgeweitet und das Gefühl von Wirksamkeit auf die digitale Welt übertragen.

Wir stellen die Hypothese auf, dass politische Wirksamkeit – in ihren drei Dimensionen intern, extern und online – ein nützliches Konzept sein kann, um das Gefühl des Verlassenseins von Bewohnerinnen und Bewohnern abgehängter Orte zu verstehen, und einer erneuten Betrachtung bedarf.

Der zentrale Beitrag dieses Buchs besteht darin, eine Methode zur Messung und Nutzung dieser Haltungen vorzuschlagen. Wir empfehlen einen spezifischen Fragebogen und das Begreifen dieser Haltungen als latente Variablen, die auf beobachtbare Variablen reagieren und mit anderen Faktoren interagieren. Mithilfe von Strukturgleichungsmodellen (SEM), die in der politisch-psychologischen Literatur weit verbreitet sind, analysieren wir Empfindungen, Emotionen und Haltungen.

Anschließend wenden wir diesen Vorschlag auf das konkrete Szenario unserer Fallstudie, die chilenische Region Valparaíso, an. Aus unserer Sicht sind die Ergebnisse überzeugend und erweitern unser Verständnis der beiden untersuchten Phänomene.

Erstens besteht ein Zusammenhang zwischen politischer Entfremdung und der Nutzung digitaler Plattformen, wenn auch möglicherweise nicht in der allgemein angenommenen Weise. Während die politische Nutzung dieser Werkzeuge einen positiven Einfluss auf die interne Wirksamkeit (Überzeugung von der Selbstwirksamkeit) und die externe Wirksamkeit (Überzeugung von der Responsivität des Systems) hat, gilt dies nicht für die soziale oder freizeitbezogene Nutzung. Tatsächlich steht die soziale Nutzung in einem negativen Zusammenhang mit der externen Wirksamkeit, was darauf hindeutet, dass Personen, die digitale Plattformen zu nichtinformativen oder nichtpolitischen Zwecken nutzen, eher das Gefühl haben, dass das politische System nicht auf ihre Interessen reagiert, was zu größerer

Entfremdung führt. Diese Ergebnisse deuten darauf hin, dass das Internet die Kluft zwischen politisch Engagierten und Nichtengagierten vergrößern und einen Teufelskreis der Unzufriedenheit schaffen könnte.

Die Einbeziehung des territorialen Kontexts verändert jedoch die Analyse. Unter Verwendung des Konzepts der politischen Wirksamkeit im Internet stellen wir fest, dass Bewohner peripherer Gebiete annehmen, dass digitale Plattformen größere Chancen bieten, gehört zu werden, auch wenn sie sich weniger kompetent fühlen, sich an öffentlichen Angelegenheiten zu beteiligen. Diese Ergebnisse legen nahe, dass territoriale Marginalisierung Haltungen und interne Ressourcen beeinflusst, wobei sich Bewohnerinnen und Bewohner in der Peripherie aufgrund ihrer Lage weniger kompetent fühlen. Gleichzeitig zeigt sich, dass die digitale Kluft eine neue Bedeutung erhält, wenn der territoriale Kontext berücksichtigt wird. Unsere anfänglichen Analysen auf individueller Ebene ließen eine pessimistische Sicht auf die demokratische Rolle des Internets vermuten, doch die Berücksichtigung territorialer Marginalisierung zeigt, dass das Internet möglicherweise ein nützliches Instrument zur Einbindung von Bewohnerinnen und Bewohnern verlassener Gebiete ist.

Wir haben zudem die Nutzung klassischer Wirksamkeitskonzepte untersucht, um von der Geografie des Wählens zur Geografie der Unzufriedenheit überzugehen, wobei wir uns auf Haltungen konzentrieren, die dem Wahlverhalten vorausgehen. Mithilfe räumlicher Autokorrelationsverfahren identifizierten wir Gegenden in Randlage und stellten fest, dass das Leben in diesen abgehängten Gebieten mit einer geringeren externen Wirksamkeit einhergeht. Diese Befunde bestätigen eine wiederkehrende Annahme in der Literatur zur Geografie der Unzufriedenheit: Ungleichheiten schlagen sich in einem Gefühl des Verlassenseins nieder, was wiederum die Unterstützung antisystemischer Narrative fördert. Unser Fokus liegt auf dieser anfänglichen Verbindung.

Abschließend präsentieren wir vorläufige Ergebnisse zur Untersuchung von politischer Frustration und Ressentiments, indem wir klassische Wirksamkeitskonzepte erneut betrachten und die Hypothese von Gamson anwenden. Wir beobachten, dass der Faktor Zeit eine Rolle spielt – Empfindungen akkumulieren und entwickeln sich weiter. In unserer spezifischen Fallstudie Chile gewinnen diese deskriptiven Ergebnisse, die die Entwicklung von Frustration zeigen, besondere Bedeutung für das Verständnis der Ereignisse im Oktober 2019, als mehr als zwei Millionen Bürger auf die Straße gingen, um für verschiedene gesellschaftliche Forderungen zu protestieren. Tatsächlich zeigte sich in jenem Jahr die größte Kluft zwischen interner und externer politischer Wirksamkeit. Die Bürger fühlten sich so kompetent wie nie zuvor – was nicht zwangsläufig mit objektivem Wissen einhergeht – während ihre Wahrnehmung der Responsivität des Systems einen historischen Tiefstand erreichte. Diese Kluft wurde als optimale Bedingung für die Suche nach alternativen Mechanismen vermutet, was im lateinamerikanischen Kontext häufig in Gewalt und Protest mündet. Wir sind der Ansicht, dass diese zeitlichen Überlegungen zur Unzufriedenheit neue Wege für die Forschung eröffnen und es uns ermöglichen, unser Verständnis der Geografie der Unzufriedenheit weiter zu vertiefen.

5.1.2 *Diskussion*

Zu Beginn haben wir vorgeschlagen, dass die Untersuchung von Unzufriedenheit sowohl den territorialen Kontext als auch die zeitliche Dimension sowie eine größere Spezifität bei der Diskussion von Unruhen einbeziehen muss. Diese Spezifität ist für unseren Vorschlag entscheidend, da sie uns dazu veranlasst, verschiedene politische Haltungen zu berücksichtigen, die der Wahlbeteiligung zugrunde liegen und andere in bestimmten Kontexten des Globalen Südens verbreitete Phänomene wie Wahlverzicht und Gewalt beeinflussen.

Die Natur des Verlassenseins in Chile und Lateinamerika ist von eigentümlicher Art. Wie unsere Ergebnisse zeigen, korreliert Verlassenheit nicht zwangsläufig mit Entbehrung und Armut, sondern vielmehr mit schlechten Beziehungen zum Raum und öffentlichen Dienst sowie einer anhaltenden politischen Marginalisierung, die zu geringer Investition und städtischem Verfall führt. Diese Situation kann, wie argumentiert wurde, Wut hervorrufen. Das Problem besteht darin, dass sich diese Wut in Chile und Lateinamerika nicht unbedingt über formale Partizipationsmechanismen kanalisiert, sondern auch alternative Wege sucht, die häufig in Gewalt und weiterer Zerstörung münden, was wiederum zu noch größerer Isolation und Marginalisierung führt.

Das Beispiel Chile ist in dieser Hinsicht besonders sinnbildlich. Die sozialen Unruhen von 2019, bei denen mehr als zwei Millionen Menschen im ganzen Land auf die Straße gingen, führten rasch zur Zerstörung grundlegender Infrastruktur. In Santiago, der Hauptstadt, wurde das Metrosystem lahmgelegt, 118 Stationen wurden beschädigt, was 87 % der Gesamtzahl entspricht. Die Gewalt und Zerstörung konzentrierten sich nicht auf wohlhabende Gegenden, sondern eher auf beliebte Stadtteile, in denen Supermärkte niedergebrannt, Geschäfte geplündert und ein Klima der Unsicherheit und Gewalt geschaffen wurde. Die Folgen dieses Verlassenseins bilden einen Kreislauf: Ungleichheiten erzeugen Wut, die sich in Zerstörung äußert und zu noch größeren räumlichen Ungleichheiten führt.

Die Rolle des Internets bei der Einbindung marginalisierter Gebiete muss sorgfältig betrachtet werden, wobei sowohl Potenziale als auch Herausforderungen zu berücksichtigen sind. Während der Pandemie haben digitale Plattformen bestehende Ungleichheiten teilweise noch verstärkt. Online-Unterricht via Zoom an Universitäten ist ein Beispiel dafür. Verbindungen und Lernumgebungen waren ungleich, was offensichtliche Lücken schuf. In physischen Klassenräumen gab es einen relativ gleichberechtigten Raum, in dem alle als Gleichgestellte interagierten. Dies wurde durch digitale Kurse gestört, da Studierende aufgrund fehlender Geräte, schlechter Internetverbindungen und ungeeigneter Lernumgebungen nicht teilnehmen konnten.

Die Herausforderung digitaler Ungleichheiten und ihr Zusammenhang mit bereits bestehenden Ungleichheiten wurde in den Kommunikationswissenschaften umfassend untersucht (Helsper, 2012; Helsper & van Deursen, 2017; Helsper, 2021) und erfordert ein Bündel an Maßnahmen, das Infrastruktur, Bildung, Einstellungen und Unterstützungsnetzwerke beinhaltet. Die Neubewertung der Rolle des Internets geht jedoch über die Frage der Ungleichheiten hinaus. Damit digitale Plattformen Bewohnerinnen und Bewohner marginalisierter Gegenden oder von politischen Zentren entfernter Gebiete tatsächlich einbeziehen können, müssen verschiedene Herausforderungen des digitalen Lebens bewältigt werden. Desinformation und Homophilie (die häufig sowohl zu affektiver als auch zu ideologischer Polarisierung führen) sind nur zwei Beispiele, die zu zentralen Herausforderungen für Demokratien weltweit geworden sind.

5.1.3 Einschränkungen und weiterer Forschungsbedarf

Obwohl unsere Arbeit einen bedeutenden Beitrag zum Verständnis der kontextuellen Faktoren leistet, die politische Unzufriedenheit erklären und die Rolle des Internets bei der Einbindung von Bewohnerinnen und Bewohnern marginalisierter Gebiete beleuchten, ist es wichtig, bestimmte Einschränkungen unserer Analyse einzuräumen. Einige dieser Einschränkungen wurden vorhergesehen, andere wurden von Gutachterinnen und Gutachtern sowie Kolleginnen und Kollegen bei wissenschaftlichen Konferenzen, auf denen wir unsere Ergebnisse vorstellten, hervorgehoben.

Beispielsweise misst diese Studie das Gefühl des Verlassenseins anhand der klassischen Messgröße der externen Wirksamkeit. Unsere Fragen erfassen die Beziehung zwischen Bürgerinnen und Bürgern und Behörden/Institutionen, ohne zu spezifizieren, um welche Institutionen es sich handelt. Dieser generische Ansatz berücksichtigt keine potenziell bedeutsamen Unterschiede. Beispielsweise kann das Verhältnis eines Bewohners eines vernachlässigten Gebiets zu seiner lokalen Behörde ganz anders sein als das zu einer nationalen Behörde. Diese Unterscheidungen sind wesentlich, da sie stark variieren können. In der laufenden Forschung haben wir festgestellt, dass das Leben in einer peripheren Stadt, die sich innerhalb ihrer Region unbedeutend anfühlt, das politische Wissen über regionale Themen beeinflussen kann, nicht jedoch zwangsläufig das Wissen über globale Angelegenheiten. Ebenso können Bewohnerinnen und Bewohner marginalisierter Gegenden ein distanziertes Verhältnis zu nationalen oder regionalen Behörden haben, was jedoch nicht unbedingt für lokale Vertreter wie Stadtteilräte oder Bürgermeister gilt. Die zukünftige Forschung sollte diese Unterschiede vertieft untersuchen und das Gefühl der Responsivität (externe Wirksamkeit) spezifischer messen, indem zwischen verschiedenen Verwaltungsebenen und Institutionen unterschieden wird.

Darüber hinaus ist es im Kontext unserer Studie relevant zu prüfen, ob die von uns verwendeten latenten Variablen reflektiver oder formativer Natur sind. Diese Überlegung kann unsere Schlussfolgerungen und die Belastbarkeit unseres Modells wesentlich beeinflussen. So haben beispielsweise Tang et al. (2020) im Bereich der Umweltsozialwissenschaften gezeigt, wie die Konzeptualisierung des subjektiven Wohlbefindens als Bewertungssystem der Umweltqualität davon abhängt, ob es als reflektives oder formatives Konstrukt betrachtet wird. Die Wahl zwischen reflektiven und formativen Modellen sollte auf theoretischen und empirischen Überlegungen beruhen. Reflektive Modelle gehen davon aus, dass Indikatoren Manifestationen des latenten Konstrukts sind und daher stark korrelieren sollten. Formative Modelle hingegen setzen keine Korrelation der Indikatoren voraus, da diese als Komponenten betrachtet werden, die das latente Konstrukt „formen". Es ist zu beachten, dass die Entscheidung für ein reflektives oder formatives Modell Auswirkungen auf die Schätzverfahren und die Kriterien zur Modellevaluation hat. Beispielsweise sind klassische Techniken der konfirmatorischen Faktorenanalyse eher für reflektive Modelle geeignet, während varianzbasierte Strukturgleichungsmodelle für formative Modelle besser passen. In zukünftigen Studien wäre es wertvoll zu untersuchen, wie die Berücksichtigung formativer latenter Variablen unsere Analyse bereichern und ein umfassenderes Verständnis der untersuchten Phänomene ermöglichen könnte. Dies könnte eine erneute Bewertung unserer theoretischen Konstrukte und die Berücksichtigung alternativer Methoden der Datenmodellierung und -analyse beinhalten. Die Arbeit von Tang et al. (2020) bietet einen fundierten theoretischen Rahmen für die Konzeptualisierung und Operationalisierung dieser Konstrukte im Kontext der Umweltsozialwissenschaften. Ihr Ansatz liefert wertvolle Einblicke in die Implikationen der Wahl zwischen reflektiven und formativen Modellen in der Umweltforschung. Indem wir unsere Betrachtung auf reflektive und formative latente Variablen ausweiten, können wir die methodische Stringenz unserer Studie verbessern und möglicherweise neue Erkenntnisse über die komplexen Zusammenhänge zwischen unseren Untersuchungsvariablen gewinnen.

Eine weitere wesentliche Einschränkung hängt mit den verwendeten Daten zusammen. Unsere These betont die Bedeutung der Berücksichtigung von Raum und Zeit bei der Untersuchung von Unzufriedenheit, was sich in unseren Konzepten von Frustration und Ressentiment widerspiegelt. Die Idee einer Bestandsvariablen – Ressentiment – beruht darauf, die beiden untersuchten Haltungen (interne und externe Wirksamkeit) über die Zeit hinweg zu verfolgen. Unser Projekt verwendet Daten, die über sieben Jahre (2017–2023) erhoben wurden, doch die Natur des Instruments ist querschnittsorientiert. Es gibt keine Längsschnittbeobachtung derselben Individuen, sondern nur Momentaufnahmen zu bestimmten Zeitpunkten mit jeweils unterschiedlichen Befragten pro Befragungszeitraum. Um dem zu begegnen, haben wir Pseudo-Panel-Techniken eingesetzt und die Analyseebene von Individuen auf Gruppen im Zeitverlauf verschoben. Dennoch ist es wichtig zu untersuchen, wie sich dieser Ansatz auf individueller Ebene anwenden lässt, da Individuen (und Bewohnerinnen und Bewohner bestimmter Gebiete) Frustration und Ressentiment erleben. Zukünftige Projekte könnten die Möglichkeit der Erhebung von Längsschnittdaten prüfen, um diese Ideen eingehender zu testen.

Eine weitere Einschränkung betrifft die geografische Abdeckung unserer Studie. Die Idee unseres Projekts und dieses Buchs besteht darin, einen theoretischen und methodischen Vorschlag zu unterbreiten, der es ermöglicht, die Zusammenhänge zwischen räumlichem Kontext, Unzufriedenheit und digitalem Engagement zu untersuchen. Die Anwendung dieses Vorschlags beschränkt sich in unserem Fall jedoch auf ein bestimmtes Gebiet Chiles. Aus den zu Beginn des Buchs dargelegten Gründen halten wir diesen Fall für interessant und besonders aufschlussreich – aufgrund der politischen Krise, des ausgeprägten Zentralismus und der hohen Internetdurchdringung –, doch ist zu betonen, dass die Ergebnisse nicht auf den Rest des Landes oder den weiteren lateinamerikanischen Kontext übertragbar sind. Unsere Herausforderung besteht darin, unsere Studie auf andere Kontexte auszuweiten, was schwierig ist, da die Datenerhebung eine spezifische lokale Granularität und Repräsentativität der untersuchten Gebiete erfordert.

Schließlich zielte unsere Arbeit darauf ab, die Auswirkungen des territorialen Kontexts auf die Entwicklung politischer Haltungen zu verstehen. Dies reicht jedoch bei weitem nicht aus, die umfassenderen räumlichen Implikationen von Unzufriedenheit und Engagement, insbesondere im Hinblick auf Interaktion, Heterogenität und Standort, vollständig zu erfassen. Die zukünftige Forschung sollte räumliche Nebeneffekte untersuchen, indem sie Peer-Effekte analysiert und prüft, ob sich politische Haltungen über die Grenzen von Gegenden hinaus ausbreiten. Die Bewältigung dieser Herausforderung könnte vom Einsatz räumlicher Strukturgleichungsmodelle profitieren (Folmer & Oud, 2008; Liu et al., 2005).

Vor diesem Hintergrund sollte dieses Buch als Anstoß verstanden werden, einige der Phänomene miteinander zu verknüpfen und zugleich einen konkreten Vorschlag zu ihrer Erforschung zu wagen. Jeder Schritt verdient sicherliche kontinuierliche Weiterentwicklung.

Literatur

Folmer, H., & Oud, J. (2008). How to get rid of W: A latent variables approach to modelling spatially lagged variables. *Environment and Planning A: Economy and Space, 40*(10), 2526–2538. https://doi.org/10.1068/a4078.

Helsper, E. J. (2012). A corresponding fields model for the links between social and digital exclusion. *Communication Theory, 22*(4), 403–426. https://doi.org/10.1111/j.1468-2885.2012.01416.x.

Helsper, E. J. (2021). *The digital disconnect: The social causes and consequences of digital inequalities*. Sage.

Helsper, E. J., & van Deursen, A. J. A. M. (2017). Do the rich get digitally richer? Quantity and quality of support for digital engagement. *Information, Communication & Society, 20*(5), 700–714. https://doi.org/10.1080/1369118X.2016.1203454.

Liu, X., Wall, M. M., & Hodges, J. S. (2005). Generalized spatial structural equation models. *Biostatistics, 6*(4), 539–557. https://doi.org/10.1093/biostatistics/kxi026.

Tang, J., Ren, H., & Folmer, H. (2020). Chapter 5: Subjective wellbeing as valuation system of environmental quality: An environmental social sciences approach. In D. Maddison, K. Rehdanz, & H. Weolsch (Hrsg.), *Handbook on wellbeing. Happiness and the environment*. Elgar.

Anhang

A.1 Zuverlässigkeitsanalyse Politische Wirksamkeit

Siehe Tab. A.1 undA.2.

Tab. A.1 Zuverlässigkeitsanalyse für interne Wirksamkeit

Faktor	Variable	α bei Ausschluss des Items	α
Interne Wirksamkeit	inef1	0,55	0,6
	inef2	0,60	
	inef3	0,61	
	inef4	0,46	
	inef5	0,51	
Interne Wirksamkeit	inef1	0,67	0,61
	inef2	0,59	
	inef4	0,41	
	inef5	0,45	
Interne Wirksamkeit	inef2	0,72	0,67
	inef4	0,47	
	inef5	0,51	

Anmerkung Dies ist ein Beispiel unter Berücksichtigung aller Datenreihen von 2017, 2018, 2019, 2020, 2021, 2022 und 2023. Die Entscheidung, welche beobachtbare Variable beibehalten wird, kann je nach verwendeter Datenreihe variieren

P. Fierro et al., *Verlassene Orte im digitalen Zeitalter*,
https://doi.org/10.1007/978-3-032-07488-1

Tab. A.2 Zuverlässigkeitsanalyse für externe Wirksamkeit

Faktor	Variable	α wenn das Item entfernt wurde	α
Externe Wirksamkeit	exef1	0,38	0,55
	exef2	0,66	
	exef3	0,38	
	exef4	0,42	
Externe Wirksamkeit	exef1	0,59	0,66
	exef3	0,52	
	exef4	0,58	

Anmerkung Dies ist ein Beispiel unter Berücksichtigung aller Datenreihen von 2017, 2018, 2019, 2020, 2021, 2022 und 2023. Die Entscheidung, welche beobachtbare Variable beibehalten wird, kann je nach verwendeter Datenreihe variieren

Kolibri 360 GmbH
Ferdinand-Jühlke-Straße 7
99095 Erfurt, Deutschland
produktsicherheit@kolibri360.de